/暢/文/食/藝/叢/書/

西點蛋糕DIY

游純雄・王志雄／合著

暢文 版社

目・錄

DIY 烘焙材料、器具 供應廠商聯絡電話

羅東／裕　明 (03) 9543429
宜蘭／欣新烘焙 (03) 9363114
基隆／美　豐 (02) 24223200
基隆／富　盛 (02) 24259255
基隆／証　大 (02) 24566318
台北／向日葵 (02) 87715775
台北／燈(同)燦 (02) 25533434
台北／飛　訊 (02) 28830000
台北／皇　品 (02) 26585707
台北／義　興 (02) 27608115
台北／媽咪商店 (02) 23699868
台北／全　家 (02) 29320405
台北／亨　奇 (02) 28221431
台北／得　宏 (02) 27834843
新莊／麗莎烘焙 (02) 82018458
新莊／鼎香居 (02) 29982335
板橋／旺　達 (02) 29620114
板橋／超　群 (02) 22546556
板橋／聖　寶 (02) 29538855
中和／安　欣 (02) 22250018
中和／艾　佳 (02) 86608895
新店／佳　佳 (02) 29186456
三重／崑　龍 (02) 22876020
三峽／勤　居 (02) 26748188
淡水／溫馨屋 (02) 86312248
淡水／虹　泰 (02) 26295593
樹林／馥品屋 (02) 26862258
龜山／櫻　坊 (03) 2125683
桃園／華　源 (03) 3320178
桃園／好萊屋 (03) 3331879
桃園／家佳福 (03) 4924558
桃園／做點心 (03) 3353963
中壢／艾　佳 (03) 4684557
中壢／作點心 (03) 4222721
新竹／新盛發 (03) 5323027
新竹／葉　記 (03) 5312055
竹東／奇　美 (03) 5941382
頭份／建　發 (037) 676695
豐原／益　豐 (04) 25673112
豐原／豐榮行 (04) 25227535
台中／永　美 (04) 22058587
台中／永誠行 (04) 24727578
台中／永誠行 (04) 22249876
台中／中　信 (04) 22202917
台中／誠寶烘焙 (04) 26633116
台中／利　生 (04) 23124339
台中／益　美 (04) 22059167
大里／大里鄉 (04) 24072677
大甲／鼎亨行 (04) 68622172
彰化／永誠行 (04) 7243927
彰化／億　全 (04) 7232903
員林／徐商行 (04) 8291735
員林／金永誠行 (04) 8322811
北港／宗　泰 (05) 7833991
嘉義／福美珍 (05) 2224824
嘉義／新瑞益 (05) 2869545
高雄／正　大 (07) 2619852
高雄／烘焙家 (07) 3660582
高雄／德　興 (07) 3114311
高雄／德　興 (07) 7616225
花蓮／萬客來 (03) 8362628

作・者・簡・介

王志雄

● 經歷
金葉蛋糕技師
聖瑪莉麵包技師
綠灣麵包西點組長

● 現職
頂好麵包西點蛋糕課課長

● 著作
簡易家庭麵包製作
西點蛋糕DIY

游純雄

● 經歷
金蛋糕西點技師
頂好麵包蛋糕課技師

● 現職
金蛋糕廠長

● 著作
簡易家庭麵包製作
西點蛋糕DIY

作・者・序

　　本書詳實介紹十大類西點蛋糕作法。包括餅乾類、麵糊類、乳沫類、戚風類、裝飾類、點心類、小蛋糕類、派類、塔類、慕斯類……應有盡有。詳盡之圖文介紹國內少見，對有興趣學習烘焙食品的初學者或再進修者，不失為一本很好的參考書籍。

　　本書特點在以圖片為主，易於初學者瞭解，此外並有詳盡之文字解說，易學易懂。在烘焙設備方面則以一般家庭或較易取得之材料優先考量，使讀者居家即可製作水準以上的西點蛋糕。

　　如有不完善之處或任何疑問，均可與出版社聯絡。

材 · 料 · 介 · 紹

●**高筋麵粉**：筋性較強，一般用於
麵包製作上。

●**低筋麵粉**：筋性較弱，一般用於
蛋糕餅乾製作上。

●**特級砂糖、糖粉**：為製作食品的
主要材料之一。

●**奶油、沙拉油**：為製作食品主要
材料之一，有多種種類，依溶點
不同有不同之用途。

●**雞蛋**：製作蛋糕的主要材料。

●**鮮奶、奶粉**：製作蛋糕的添加食
品之一，可增加香味。

●**鮮奶油**：用於蛋糕裝飾上，也可
以用在蛋糕製作上。

●**玉米粉**：製作蛋糕的材料之一，
含有較多的澱粉。

●**胚芽、麥片**：製作蛋糕、餅乾時
添加材料之一，都是健康食品。

●**椰子粉**：用於裝飾或拌餡料之
用。

●**咖啡粉**：增加蛋糕口味之用。

●**巧克力磚、巧力醬、可可粉**：裝
飾巧克力及製作蛋糕之用。

●**蛋糕起泡劑**：幫助蛋糕發泡，節
省打發時間，但不是每種蛋糕都
適用。

材 · 料 · 介 · 紹

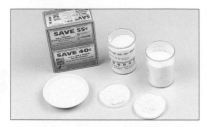

●小蘇打、泡打粉、塔塔粉：製作
　蛋糕時的材料之一，用來中和酸
　鹼度或膨脹之用。

●吉利丁、吉利T(果凍粉)：有動
　、植物之分，用於果凍、慕斯蛋
　糕之用。

●杏仁片、南瓜子、腰果、核桃：
　乾燥之果仁，製作蛋糕時的添加
　材料。

●葡萄乾、桔子皮、黑棗、蜜餞：
　蜜漬之水果，調味裝飾都有意想
　不到的效果。

●各式水果：裝飾蛋糕用，各式水
　果罐頭皆適用。

●各式水果酒、檸檬汁：用於蛋糕
　製作上，增加風味時使用。

簡 · 易 · 擠 · 花 · 袋 · 介 · 紹

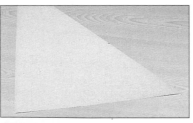

❶擠花紙平放於桌上。

❷最長的一方用左手按著，右手由
　另一端捲起，由外向內捲。

❸一邊捲向裡端的同時，左手應將
　尾端確實按好。

❹裝入所需材料後，依序將上端的
　擠花紙由外向內摺疊起來，要確
　實摺疊好才不會漏溢。

❺用剪刀剪出所需要大小的缺口即
　可使用。

器・具・介・紹

●**磅秤：**用以準確秤量所需材料之重量，一般家用以500公克或1000公克較實用。

●**量杯、量匙：**液體材料之計量器，後者為較少量且乾性材料之計量器。量匙有一大匙、一茶匙、1/2茶匙、1/4茶匙之分別。

●**分蛋器：**用以分開蛋黃與蛋白的器具，使用非常方便。

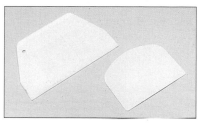

●**塑膠刮板：**用以切割麵糰或刮平麵糊。

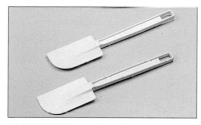

●**塑膠刮刀：**用來刮起盆內糊狀材料，也可以代替手來攪拌材料，相當衛生方便。

●**濾網：**用來過濾粉狀及液狀材料的器具，可濾除硬塊或雜質。

●**毛刷：**用於塗刷用，例如刷蛋汁、奶油、果膠用。

●**擀麵棍：**麵糰整形擀平之用。

●**滾輪刀：**分割麵糰之用，一般常用於面積大且較薄之麵糰。

●**各式西點用刀：**切割蛋糕、麵包、水果之用。

●**抹刀、齒狀刮板：**塗抹奶油、餡料及鮮奶油裝飾之用。

●**保鮮膜：**用來覆蓋待用需冷藏或須防止水份流失的材料之用。

●**擠花袋、擠花紙、花嘴：**填充配料，裝飾蛋糕表面及擠花紋用。

器·具·介·紹

●旋轉台：裝飾蛋糕時必備工具之一。

●手提攪拌機、打蛋器：一般打蛋器、電動打蛋器、攪拌器均是蛋糕製作不可或缺的工具之一。

●桌上型攪拌器：適用於製作麵包、蛋糕拌合餡料時的工作，相當省力、省時、方便好用。

●大小鋼盆：常用於拌合材料或盛裝材料之用。

●派盤、塔盤：有大小尺寸之分，一般用於派類、塔類製作之用。

●大小鋁箔容器：填充蛋糕、麵包原料以供烘烤之用，非常方便。

●小塔及小蛋糕用鋁模：製作西點小塔類及小蛋糕時使用。

●蛋糕模：有大小尺寸之分及底盤固定、活動兩種。

●鐵弗龍處理蛋糕模：經特殊處理，不必刷油撒粉，使用方便。

●心型、橢圓型中空模：一般用於慕斯、餅乾之用。

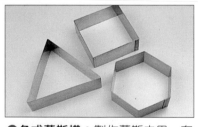

●各式慕斯模：製作慕斯之用，有各種不同形狀、尺寸。

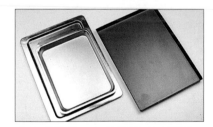

●各式烤盤：有各種尺寸及種類，可依個人烤箱尺寸所需選用。

●耐熱手套：用來保護雙手，避免在烘烤過程中不慎燙傷之用。

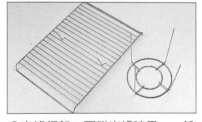

●出爐鋼架：蛋糕出爐時，一般用於生日蛋糕類較膨鬆的蛋糕，出爐時將蛋糕倒置時用。

●耐熱烤盤布：可耐高溫之烤盤布，製作餅乾、蛋糕、麵包時都可使用，用途相當廣泛。

注意事項與事前準備工作

蛋糕製作的首要步驟與要點即是準確計量每一種材料的重量。熟習製作要領，時時注意每一個動作環結並反覆練習，便可製作出美味可口的蛋糕來。

請不要因為一次、二次的失敗就放棄自己製作糕點，因為蛋糕在製作上比較不容易，凡事熟能生巧，多試幾次以後，你就能成為箇中高手了！

注意事項

❶ 奶油與糖打發加蛋時，須等奶油與糖確時打發之後，才可逐次加蛋，否則容易導致奶油與蛋分離。

❷ 烘烤蛋糕時如溫度過高但蛋糕未熟，可利用鋁箔紙減緩溫度快速加熱。

事前準備

❶ 烤焙時如需用到模具，應先上油再撒上一層薄薄的高筋麵粉。

❷ 需用到奶油時，必須在製作前1～2小時前先將奶油解凍，可用手指按壓奶油測試是否已解凍。

❸ 所有蛋糕製作之前，須將全部粉末類材料過篩。

❹ 在蛋糕製作前30分鐘，先把烤箱預熱到所需的溫度待用。

紙杯之作法

❶ 將所需的紙杯量出高度後，再加上2～3cm裁出正方形紙，然後將紙剪開，但中間不要剪斷。

❷ 再打開對摺，另一邊同樣剪開，但中間不要剪斷。

❸ 鋪上餡杯模中間，將紙一片重疊一片排入即可。

烤盤紙的裁法

❶ 首先將鐵板的長寬量出後，兩邊各加上高度，再加上2～3cm裁好，然後在每個對摺的地方剪出斜對角線約7～8cm即可(高出的2～3cm是因為蛋糕在烤時會稍微膨脹)。

❷ 鋪入烤盤內，並將每個接合處用手指劃一下，讓紙出現凹痕，方便固定紙的位置。

【注意事項】
　奶油與糖粉須先打發，才可加蛋
、加粉。

【準備器具】
　花嘴、擠花袋、手提攪拌器、刮
刀、鋼盆。

【烤焙溫度與時間】
　200℃／10～12分鐘

【準備材料】約40個

材料	份量
奶油	150g
糖粉	100g
鹽	1g
全蛋	1個(50g)
香草粉	2g
低筋麵粉	250g

【其他配料】

材料	份量
巧克力	少許

馬蹄酥小餅乾

❶先將奶油打散 (以免加糖粉後攪拌,糖粉易噴出鋼盆外)。

❷加入糖粉、鹽、香草粉與奶油拌勻打發。

❸打發後奶油較先前顏色稍白色 (如圖所示),加入蛋再打發。

❹打發後加入低筋麵粉攪勻。

❺利用刮刀將麵糊裝入已裝好花嘴的擠花袋口。

❻在烤盤上擠上像U字狀的馬蹄形,以200℃烤約10～12分鐘至金黃色即可。

❼將巧克力切細,利用隔水加熱法使其溶化。

❽待餅乾稍冷後,沾上巧克力,放在紙上待巧克力變硬,即成馬蹄形狀的馬蹄酥了。

餅乾類作品失敗原因之比較

❶麵糊沒有發泡完全。

❷麵糊發泡完全。

❸左邊沒有打發,烤後麵糊塌塌的,右邊有打發,烤後麵糊組織結實。

巧·克·力·小·西·餅

【注意事項】
因巧克力的顏色在烘烤時不易辨別，所以須特別留意烤時溫度與時間。可可粉與低筋麵粉先過篩。

【準備器具】
花嘴、擠花袋、手提攪拌器、刮刀、鋼盆。

【烤焙溫度與時間】
200℃／12～14分鐘

【準備材料】約30個
奶油	150g
糖粉	100g
鹽	1g
奶水	60g
可可粉	20g
低筋麵粉	210g

❶麵糊之打法請參照11頁❶～❷，將麵糊打發之後，分數次加入奶水。

❷加入可可粉與低筋麵粉。

❹將加入的可可粉與低筋麵粉攪勻，裝入擠花袋。

❺將裝好的麵糊擠在烤盤上，以200℃烤12～14分鐘。

瑪 · 琍 · 酥

❶將奶油先打軟，避免加入糖粉時糖粉溢出來。

【注意事項】
麵糊擠至烤盤時，應儘量壓低，使擠出之麵糊成扁平狀。

【準備器具】
手提攪拌器、刮刀、擠花袋、花嘴、鋼盆。

【烤焙溫度與時間】
210℃／8分鐘

【準備材料】約50個
奶油··························· 185g
糖粉··························· 180g
蛋白··························· 100g
低粉··························· 220g
香草粉··························少許

❷加入糖粉攪拌打至發泡。

❸蛋白分數次加入在打發的麵糊中。

❹加入低筋麵粉與香草粉。

❺將加入的低筋麵粉與香草粉攪勻。

❻將麵糊裝入擠花袋。

❼將麵糊擠在烤盤上成圓形薄片狀(便於烘烤)，麵糊勿太厚。以210℃烤約8分鐘。

海·苔·小·西·餅

❶將奶油先攪拌至較軟後，再加入糖粉攪拌打至發泡。

❷發泡之後分數次加入蛋白繼續打發麵糊。

❸加入海苔粉及低筋麵粉。

【注意事項】
海苔先切成細粉末狀待用。

【準備器具】
手提攪拌器、刮刀、擀麵棍、擠花袋、鋼盆。

【烤呸溫度與時間】
210℃／10分鐘

【準備材料】約30個

奶油	150g
糖粉	100g
蛋白	90g
低筋麵粉	120g

【其他配料】
海苔粉 少許

❹將海苔粉與低筋麵粉攪拌均勻。

❺利用擠花袋將麵糊擠在烤盤上成橢圓形。

❼在中間撒上一些海苔粉，以210℃烤約10分鐘。

❽出爐時須馬上移至擀麵棍上，如此才會形成圓弧形。

胚・芽・小・西・餅

❶將酥油與砂糖、鹽混合均勻。

❷加入蛋拌勻。

❸再加入已溶解之蘇打水拌勻。

【注意事項】

無中筋麵粉時可用高筋麵粉與低筋麵粉各70g混合成中筋麵粉140g。小蘇打先加入水中溶解。

【準備器具】

手提攪拌器、刮刀、小湯匙、鋼盆。

【其他配料】

燕麥粉、核桃、胚芽粉

【烤焙溫度與時間】

200℃／14～15分鐘

【準備材料】 約25個

酥油(奶油)120g、砂糖200g、鹽2g、小蘇打3g、全蛋1個(50g)、水50g、燕麥粉70g、核桃25g、中筋麵粉140g、胚芽粉70g

❹加入核桃、燕麥粉、胚芽粉拌勻。

❺再加入中筋麵粉。

❻利用小湯匙沾上少許水，將麵糊盛在烤盤上。

❼稍微壓平之後，以200℃烤焙14～15分鐘即可。

【注意事項】
麵糰在整形壓平中，注意厚薄要
平均。

【準備器具】
心型中空模、手提攪拌器、刮
刀、鋼盆。

【烤焙溫度與時間】
200℃／12分鐘

【準備材料】約40個
奶油‥‥‥‥‥‥‥‥‥‥‥ 225g
糖粉‥‥‥‥‥‥‥‥‥‥‥ 200g
全蛋‥‥‥‥‥‥‥‥‥‥‥‥ 2個
低筋麵粉‥‥‥‥‥‥‥‥‥ 600g

發泡奶油：
奶油‥‥‥‥‥‥‥‥‥‥‥ 200g
糖粉‥‥‥‥‥‥‥‥‥‥‥‥50g
果糖‥‥‥‥‥‥‥‥‥‥‥‥50g
葡萄乾‥‥‥‥‥‥‥‥‥‥ 100g

【其他配料】
杏仁片‥‥‥‥‥‥‥‥‥‥適量
葡萄乾‥‥‥‥‥‥‥‥‥‥適量
蛋汁‥‥‥‥‥‥‥‥‥‥‥適量

心・型・夾・心・餅

❶準備發泡奶油部份，將奶油先打軟。

❷加入糖粉拌勻打發。

❸打發後再加入其餘果糖即完成發泡奶油作法。

❹先將葡萄乾泡上些許酒。

❺再將泡過酒的葡萄乾瀝乾加入打發的發泡奶油中拌勻待用。

❻將所有材料依序拌好(作法參照11頁之❶至❹)。

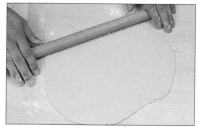

❼底部先撒上些許麵粉，再用擀麵棍將麵糰擀成厚約0.4cm或0.3cm。

❽將麵糰捲起來，先在工作台上撒上少許麵粉，防止壓模時麵糰黏住桌面。

❾用心型中空模壓出心型的形狀。

❿排放在烤盤上，刷上蛋汁鋪上杏仁片，以200℃烤焙約12分鐘。

⓫在烤好的餅乾上夾上發泡奶油，即完成好吃又漂亮的夾心餅乾。

奶油冰糖脆餅

【注意事項】
此麵糊需冷藏後再整形,冰糖應挑選較細者。

【準備器具】
手提攪拌器、刮刀、烤盤、鋼盆。

【烤焙溫度與時間】
200℃／15分鐘

【準備材料】 約70個

奶油	190g
糖粉	100g
鹽	1g
香草粉	2g
低筋麵粉	250g

【其他配料】

細冰糖	適量
蛋汁	適量

❶奶油與糖粉、鹽、香草粉攪拌拌勻即可。

❷拌勻後再加入低筋麵粉攪勻。

❸將麵糰鋪在墊有塑膠紙之烤盤上,先冷藏冰約1～2小時。

❹將冰過的麵糰取出,用刮板切割麵糰成塊狀,方便搓揉。

❺把麵糰搓揉成長條圓柱形狀,長度以烤盤長度以內為準,然後再冰10～20分鐘。

❻麵糰冰硬之後,取出刷上蛋汁。

❼刷完蛋汁後沾上事先備好的細冰糖後,再冰一下比較好切。

❽切割麵糰每個厚度約0.7mm，
　注意厚度應平均。

❾排好麵糰後，以200℃烤焙約
　15分鐘至金黃色即可出爐。

大理石彩紋小西餅

【注意事項】
此麵糰需冷藏後再整形。

【準備器具】
烤盤、手提攪拌器、刮刀、鋼盆。

【烤焙溫度與時間】
200℃／15分鐘

【準備材料】
長7cm、寬3cm約45個
奶油‥‥‥‥‥‥‥‥‥‥‥ 230g
糖粉‥‥‥‥‥‥‥‥‥‥‥ 120g
鹽‥‥‥‥‥‥‥‥‥‥‥‥‥ 1g
香草粉‥‥‥‥‥‥‥‥‥‥‥ 2g
低筋麵粉‥‥‥‥‥‥‥‥‥ 300g
可可粉‥‥‥‥‥‥‥‥‥‥ 少許

❶作法請參照18頁❶～❸將麵糰拌好之後，分成一大一小如圖示。

❷將小麵糰與少許可可粉混合拌勻再分成6等分，原來大的麵糰也分成6等分。

❸將麵糰搓揉成長條狀，每個原色的麵糰配上一個巧克力色的麵糰。

❹以打麻花的方式，將麵糰捲成麻花狀(如圖所示)。

❺再將所有麵糰混合壓平，但搓揉勿太均勻。

❻壓成長方形後放在烤盤上壓平，放入冰箱，冰上1～2小時。

❼麵糰冰硬之後取出，切割成每個長7cm、寬3cm的大小。

⑧取好適當距離，排入烤盤，以
　200℃烤約15分鐘左右。

麵糊類作品失敗原因之比較

❶蛋與麵糊沒有攪拌均勻，而呈分離狀。

❷攪拌正確的麵糊，呈乳白色有光澤狀。

❸麵糊攪拌過度麵糊較粗糙。

硬式乳酪蛋糕

【注意事項】

奶油先解凍待用。麵糊打發加蛋過程中，須打發後才可加蛋，蛋須一個一個加，避免太快導致麵糊分離。

【準備器具】

手提式攪拌機、塑膠刮刀、8吋固定蛋糕模1個(抹油撒粉鋪上底紙待用)、鋼盆。

【烤焙溫度與時間】

200℃／22分鐘

【準備材料】1個

奶油	200g
糖粉	160g
全蛋	200g(約4個)
低筋麵粉	100g
乳酪粉	30g

【果膠材料】

水	200g
糖	20g
吉利T (果凍粉)	5g
桔子果醬	少許

❶將蛋糕模擦上一層薄薄的油，再均勻的撒上麵粉，鋪上底紙待用。

❷將奶油與糖粉攪拌均勻打發。

❸打發至奶油呈乳白色狀(如圖所示)後，再分數次加入全蛋。

❹再加入蛋，必須將麵糊與全蛋攪拌均勻後，才可再加蛋打發。

❺加入低筋麵粉與乳酪粉。

❻攪拌完成後，利用塑膠刮刀將麵糊取出，裝入準備好之模具內。

❼填模之後將蛋糕麵糊稍微抹平之後，以200℃烤22分鐘。

❽待出爐稍冷卻之後，取出刷上少許果膠即可(果膠作法參照119頁圖❶)。

❹沒有攪拌均勻之蛋糕(呈分離狀)。

❺攪拌正常的蛋糕。

❻麵糊攪拌過度，組織粗糙。

硬·式·水·果·蛋·糕

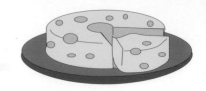

【注意事項】

奶油可先解凍待用。麵糊打發加蛋過程中，須打發後才可加蛋、蛋須一個一個加，避免太快導致麵糊分離。模具先抹油撒粉待用。

【準備器具】

小模具8～10個、手提攪拌器、刮刀、擠花袋、鋼盆。

【烤焙溫度與時間】

200℃／約25分鐘

【準備材料】8～10個量

奶油	200g
糖粉	200g
蛋	175g(約大3個或小4個)
高筋麵粉	87g
低筋麵粉	125g
蜜餞水果	70g
葡萄乾	50g

【其他配料】

蜜餞水果、葡萄乾…………適量

❶將小模具刷上一層薄油。

❷再撒些麵粉入模具，塗抹均勻後，再倒出多餘的麵粉待用。

❸作法請參照23頁❷至❻，將麵糊拌勻。

❹將蜜餞、水果、葡萄乾加入麵糊裡拌勻。

❺將麵糊裝入擠花袋。

❻擠入已準備好的模具中，以200℃烤約25分鐘後出爐。

麥・片・蛋・糕

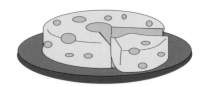

【注意事項】

模具先抹油撒粉待用，奶油先解凍待用。麵糊打發加蛋過程中，須打發後才可加蛋，蛋須一個一個加，避免太快導致麵糊分離。

【準備器具】

小模具8～10個、手提攪拌器、刮刀、擠花袋、鋼盆。

【烤焙溫度與時間】

190℃／10～12分鐘

【準備材料】8～10個量

奶油	200g
糖粉	180g
蛋	200g(約4個)
高粉	80g
低粉	100g
麥片	30g

【其他配料】

麥片	適量

❶作法請參照23頁❷至❹將麵糊打發後，加入低筋麵粉與全麥或麥片攪勻。

❷拌勻之後利用擠花袋將麵糊擠入模具內，以190℃烤約10～12分鐘。

桂 · 圓 · 蛋 · 糕

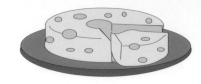

【注意事項】

桂圓與水或少許酒先浸泡約半小時。奶油可先解凍待用。麵糊打發加蛋過程中，須打發後才可加蛋，蛋須一個一個加，避免太快導致麵糊分離。

【準備器具】

鋁箔模6個(橢圓形)、手提攪拌器、刮刀、鋼盆。

【烤焙溫度與時間】

190℃／20～22分鐘

【準備材料】約6個量

奶油	200g
糖	120g
全蛋	180g
鹽	2g
低筋麵粉	160g
桂圓	150g(泡水)
水	50g

【其他配料】

脫水桂圓肉⋯⋯⋯⋯⋯⋯⋯適量

❶桂圓與水先泡一下(可添加少許酒增加香味)。

❷作法請參照23頁❷～❹，將麵糊打發加蛋後，再加入泡過已瀝乾的桂圓。

❸最後加入低筋麵粉拌勻後，以刮刀填裝入模內(約七分滿)。

❹入模後取好適當距離，以190℃烤20～22分鐘。

乾 · 果 · 蛋 · 糕

【注意事項】

如喜歡酒的香味，可加入少許酒增加風味。奶油可先解凍待用。麵糊打發加蛋過程中，須打發後才可加蛋，蛋須一個一個加，避免太快導致麵糊分離。

【準備器具】

手提攪拌機、烘烤模(長21cm、寬8cm、高6cm)、塑膠刮刀、鋼盆。

【烤焙溫度與時間】

190℃／40分鐘

【準備材料】2條量

糖粉	200g
奶油	200g
全蛋	220g(約較大者4個)
低筋麵粉	230g
泡打粉(B.P)	7g
腰果	60g
杏仁果	70g
碎核桃	70g
葡萄乾	30g
蜜鳳梨	100g

【其他配料】

腰果、杏仁果、碎核桃、葡萄乾、蜜鳳梨

❶作法請參照23頁❷～❹將麵糊打發後加入低筋麵粉、泡打粉攪拌。

❷加入準備好的乾果材料拌勻即可。

❸利用刮刀將麵糊分次裝入模具內(約七分滿)。

❹再鋪上一些乾果在表面做裝飾，即可進爐烤焙，以190℃烤40分鐘。

桔·子·蛋·糕

【注意事項】

奶油先解凍待用。麵糊打發加蛋過程中，須打發才可加蛋，加蛋必須一個一個加，避免太快造成麵糊分離。模具先抹油撒粉鋪上底紙待用。

【準備器具】

8吋固定蛋糕模1個、手提式攪拌機、塑膠刮刀、鋼盆。

【烤焙溫度與時間】

190℃／22分鐘～25分鐘

【準備材料】8吋模1個

奶油·························· ···150g
糖粉·························· ···150g
全蛋··· 160g(約3個大一點的蛋)
低筋麵粉················· ···175g
泡打粉···················· ··· 5g

【其他配料】

蜜漬橘子皮················· 130g

【果膠材料】

水·························· 200g
糖·························· 20g
吉利T (果凍粉)················· 5g
桔子果醬······················少許

❶作法請參照23頁❶～❹，將麵糊打發後加蛋拌均勻。

❷加入蜜漬過的桔子皮。

❸加入低筋麵粉、泡打粉攪拌均勻。

❹攪拌完成後利用塑膠刮刀裝入預先準備好的蛋糕模。

❺利用塑膠刮刀將麵糊稍微抹平，以190℃烤22分鐘。

❻出爐後待稍涼後，取出在表面刷上薄薄一層果膠，以保持蛋糕表面溼潤(果膠作法參照119頁圖❶)。

貝・殼・小・蛋・糕

【注意事項】
全蛋與砂糖需拌至糖溶解才可加
麵粉，奶油先溶化待用。

【準備器具】
六入貝殼形狀模具、打蛋器、塑
膠刮刀、鋼盆。

【烤焙溫度與時間】
200℃／11～12分鐘

【準備材料】約15個
全蛋……………200g(約4個)
砂糖……………………180g
低筋麵粉………………210g
泡打粉……………………2g
奶油……………………210g
香草粉……………………少許

❶將蛋與糖充分拌勻至糖溶解。

❷隨後加入已過篩之低筋麵粉與
泡打粉、香草粉。

❸再加入已溶化的奶油充分拌
勻。

❹盛入貝殼形模具約7～8分滿
即可進爐烘烤，以200℃烤焙
約11～12分鐘。

小·蛋·糕

【注意事項】
全蛋與糖需拌勻至糖溶解，方可加入其他材料。

【準備器具】
小塔模、小紙杯、手提式攪拌機、塑膠刮刀、擠花袋、鋼盆。

【烤焙溫度與時間】
180℃／20分鐘

【準備材料】 約14個
全蛋	120g
糖	100g
沙拉油	100g
奶水	40g
低筋麵粉	120g
泡打粉	2.5g
香草粉	少許

【其他配料】
杏仁片	適量

❶將全蛋與砂糖拌勻打至發泡。

❷全蛋與砂糖拌勻打發至呈濃稠狀(如圖所示)。

❸慢慢加入奶水拌勻。

❹再加入沙拉油拌勻，勿攪拌過久(會使氣泡消失)。

❺最後再加入低筋麵粉、泡打粉、香草粉拌勻。

❻利用擠花袋將麵糊擠入小紙杯中。

❼撒上一些杏仁片，以180℃烤18～20分鐘左右。

乳沫類作品失敗原因之比較

❶全蛋與糖未發泡完全。

❷全蛋與糖發泡完全。

❸左邊未打發，烤後組織不均勻，右邊有打發；烤後組織均勻。

甜·筒·小·蛋·糕

【注意事項】
奶油先溶化待用。

【準備器具】
甜筒杯模5個(先將紙鋪好待用)、手提攪拌機、塑膠刮刀、刮板、鋼盆。

【準備材料】約5個
全蛋‥‥‥‥‥‥‥‥‥‥‥‥100g
　　(約2個較大的或3個小的)
糖‥‥‥‥‥‥‥‥‥‥‥‥‥ 100g
低筋麵粉‥‥‥‥‥‥‥‥‥ 120g
泡打粉‥‥‥‥‥‥‥‥‥‥‥ 4g
沙拉油‥‥‥‥‥‥‥‥‥‥‥ 60g
奶油‥‥‥‥‥‥‥‥‥‥‥‥ 55g
葡萄乾‥‥‥‥‥‥‥‥‥‥‥ 80g
香草粉‥‥‥‥‥‥‥‥‥‥‥適量

【烤焙溫度與時間】
180℃／22～25分鐘

【其他配料】
葡萄干
可添加少許酒增加風味

❶依照模具之大小量好尺寸,將紙對摺後剪開。

❷將紙翻開再對摺,另一邊也剪開,保留中間部份不剪開。

❸將紙打開放入模具內,鋪好備用。

❹全蛋與砂糖拌勻打發。

❺將全蛋與砂糖打發至濃稠狀(如圖所示)。

❻發泡後加入麵粉與香草粉拌勻。

❼再加入己溶化的奶油與沙拉油拌勻。

❽加入葡萄乾拌勻裝入擠花袋中。

❾將拌好的麵糊裝入擠花袋,擠入模具內,以180℃烤約22～25分鐘。

黑·棗·小·蛋·糕

【注意事項】
此配方有2份奶水用於不同處，請注意。

【準備器具】
小紙杯6～8個、手提攪拌機、塑膠刮刀、刮板、鋼盆。

【烤焙溫度與時間】
180℃／30～35分鐘

【準備材料】約8個
全蛋…………………… 200g(約4個)
糖…………………………………160g
沙拉油……………………………160g
黑棗………………………………150g
檸檬汁……………………………35g
小蘇打………………………………4g

奶水(A)……………………………60g
低筋麵粉…………………………220g
泡打粉………………………………7g
奶水(B)……………………………60g
核桃………………………………50g

【其他配料】
黑棗

❶將黑棗切成丁狀，加入奶水(A)60g。

❷再加入檸檬汁、小蘇打拌勻待用。

❸將全蛋與糖拌勻打發。

❹打發泡至濃稠狀(如圖所示)。

❺慢慢加入沙拉油。

❻再加入奶水60(B)拌勻。

❼隨後再加入已準備好的黑棗醬拌勻。

❽加入低筋麵粉、泡打粉與核桃充分拌勻。

❾利用擠花袋將麵糊裝入小紙模內，裝飾些許核桃後，以180℃烤30～35分鐘。

香 · 蕉 · 蛋 · 糕

【注意事項】
香蕉先切片搗碎待用。

【準備器具】
小紙模數個、手提攪拌機、塑膠
刮刀、刮板、鋼盆。

【準備材料】約6個
全蛋......................100g(約2個)
糖·······························110g
沙拉油·························150g
低筋麵粉······················120g
泡打粉···························5g
奶水····························40g
香蕉························1～2根

【烤焙溫度與時間】
210℃／18～20分鐘

【其他配料】
杏仁片、香蕉

❶製作前先將香蕉切片後，再用
　打蛋器搗碎。

❷搗碎成糊狀後待用。

❸全蛋與糖須打均勻才可加入其
　他材料。

❹慢慢加入沙拉油拌勻。

❺加入奶水拌勻。

❻再加入事先準備好的香蕉泥。

❼最後加入低筋麵粉、泡打粉拌
　勻即可。

❽利用擠花袋擠入紙模內，放上
　杏仁片或核桃做裝飾，以210
　℃烤焙18～20分鐘。

天·使·蜜·豆·捲

【注意事項】

此類蛋糕為健康食品的一種，不添加蛋黃，純蛋白不含膽固醇。蛋白須打發一點，使其組織性較好。

【準備器具】

烤盤23cm×33cm×2cm一個、手提攪拌機、擀麵棍、刮刀、鋼盆。

【烤焙溫度與時間】

200℃／14～15分鐘

【準備材料】1盤量

蛋白	200g
糖	75g
奶水	65g
蜜紅豆	100g
檸檬汁	少許
沙拉油	38g
低筋麵粉	80g

【其他配料】

蜜紅豆、檸檬汁

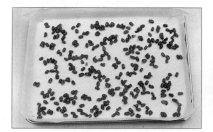

❶將烤盤鋪好紙，撒上蜜紅豆粒。

❷將奶水、檸檬汁、沙拉油混合後，加入低筋麵粉拌勻待用。

❸蛋白加入糖打發。

❹發泡後先取一小部份與麵糊拌勻。

❺再將拌好的主麵糊倒入蛋白中拌勻。

❻拌勻後倒入烤盤中。

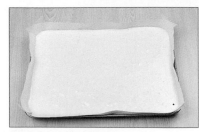

❼利用刮板將麵糊抹平，以200℃烤焙14～15分鐘。

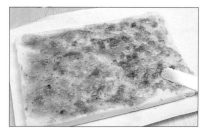

❽出爐後將蛋糕反過來，在底部塗抹一層果醬。

❾利用擀麵棍由末端將蛋糕捲向另一端。

❿一邊捲要一邊收紙，捲好後將多餘的紙捲在蛋糕底下，稍待10～20分鐘後，方可打開紙做切片之動作。

檸・檬・炸・彈

【注意事項】
全蛋與糖需拌勻至糖溶解,方可加入其他材料,奶油先溶化待用。

【準備器具】
小鋁箔紙杯、打蛋器、塑膠刮刀、擠花袋、鋼盆。

【烤焙溫度與時間】
220℃／11～12分鐘

【準備材料】14～16個
全蛋‧‧‧‧‧‧‧‧‧‧‧‧‧‧‧‧‧‧ 150g(約3個)
糖‧‧‧‧‧‧‧‧‧‧‧‧‧‧‧‧‧‧‧‧‧‧‧‧‧ 170g
低筋麵粉‧‧‧‧‧‧‧‧‧‧‧‧‧‧‧‧‧‧ 130g
泡打粉‧‧‧‧‧‧‧‧‧‧‧‧‧‧‧‧‧‧‧‧‧ 4g
鮮奶油(未發泡)‧‧‧‧‧‧‧‧‧‧ 70g
檸檬汁‧‧‧‧‧‧‧‧‧‧‧‧‧‧‧‧‧‧‧少許
奶油‧‧‧‧‧‧‧‧‧‧‧‧‧‧‧‧‧‧‧‧‧45g

【其他配料】
檸檬汁

❶將蛋與糖充分混合拌勻至糖溶解。

❷蛋與糖拌勻之後,加入低筋麵粉與泡打粉拌勻。

❸依序再加入鮮奶油與檸檬汁拌勻。

❹再加入已溶化好的奶油拌勻。

❺將拌勻的麵糊盛入已準備好的小紙模內,以220℃烘烤約11～12分鐘至金黃色即可。

檸 · 檬 · 小 · 蛋 · 糕

【注意事項】
全蛋與糖需拌勻至糖溶解方可加
入其他材料。

【準備器具】
小模具8個～10個，上油撒粉待
用。手提式攪拌機、塑膠刮刀、
擠花袋、鋼盆。

【烤焙溫度與時間】
200℃/15～16分鐘

【準備材料】約8個
全蛋………………………… 200g
糖………………………… 150g
低粉………………………… 150g
起泡劑(SP)………………… 10g
奶水………………………… 25g
檸檬汁…………………………少許
檸檬皮…………………………少許

【其他配料】
檸檬汁…………………………少許
檸檬皮………… 少許(切絲備用)

❶全蛋與糖需拌勻至糖溶解，方
可加入其他材料。

❷拌勻之後加入低筋麵粉與起泡
劑(SP)後拌勻打發。

❸打發至稠狀(顏色會變白)，如
圖示。

❹隨後再加入檸檬汁、奶水拌
勻。

❺再加入檸檬絲拌勻。

❻拌勻之後裝入擠花袋擠入模具
中，以200℃烤15～16分鐘。

大·理·石·蛋·糕

【注意事項】
奶油先溶化待用，巧克力醬先準備待用。全蛋與糖需拌勻至糖溶解方可加入其他材料。

【準備器具】
手提攪拌機、烤盤(23cm×33cm×2cm)、塑膠刮刀、刮板、鋼盆。

【準備材料】1盤量

全蛋…………… 250g(5個左右)
糖………………………… 80g
低筋麵粉………………… 100g
起泡劑(SP)……………… 10g
沙拉油…………………… 70g
奶油……………………… 30g
奶水……………………… 40g
巧克力醬………………………少許

【烤焙溫度與時間】
190℃／15分鐘

【其他配料】
巧克力醬

❶全蛋與糖需拌勻至糖溶解，方可加入其他材料。

❷糖與全蛋混合攪勻後，加入麵粉與起泡劑(SP)打發。

❸打發至稍呈稠狀(如圖所示)。

❹隨後加入已溶化好的奶油、沙拉油及奶水拌勻。

❺取一小部份與巧克力醬混合。

❻倒入主麵糊中，輕輕攪拌兩三下即可。

❼倒入烤盤中，勿過份攪拌。

❽用刮板輕輕抹平，以免破壞其大理石紋路，以190℃烤焙約15分鐘。

戚・風・蛋・糕

【注意事項】

麵糊攪拌完成後，需儘快進烤箱烤焙。如果不是要做鮮奶油裝飾用的，出爐時須用出爐架架起，蛋糕才會漂亮。

【準備器具】

8吋蛋糕模1個、出爐架或出爐網架、分蛋器、手提式攪拌機、打蛋器、鋼盆。

【準備材料】8吋蛋糕1個

桔子水	40g
沙拉油	30g
糖	40g
低筋麵粉	100g
泡打粉	3g
蛋黃	70g(約4個蛋黃)
香草粉	少許
蛋白	140g(約4個蛋白)
糖	80g
塔塔粉	2g

【烤焙溫度與時間】

200℃／26～28分鐘

【果膠材料】

水	200g
糖	20g
吉利T (果凍粉)	5g
桔子果醬	少許

❶先將蛋白與蛋黃分開。

❷將蛋黃打散與糖40g混合打均勻至糖溶解(但不要太用力，以免蛋黃被打發)。

❸加入沙拉油拌勻。

❹再加入桔子水。

❺倒入篩過的低筋麵粉、泡打粉拌勻。

❻蛋黃部份拌勻，如圖狀即可待用。

❼蛋白與糖80g、塔塔粉混合打發。

❽發泡至蛋白拉起時可成圓椎狀，並有彈性。

❾將蛋黃部份與蛋白部份混合拌勻。

⑩拌勻後倒入蛋糕模內。

⑪用刮板將麵糊刮平，以200℃烤焙26～28分鐘。

⑫出爐之後需倒放置於出爐架上，組織才會鬆軟。

⑬待冷之後，用抹刀貼近蛋糕模的表面畫一圈，再將糕模底與蛋糕取出來。

⑭再從底部畫一圈，即可順利的將蛋糕取出來。

⑮在表面刷上一層果膠，裝飾一些水果即可(果膠作法參照119頁圖❶)。

戚風類作品失敗原因之比較

❶蛋白發泡不足。

❷蛋白發泡剛好。

❸蛋白發泡過度。

❹蛋白發泡不足，烤後組織性差，無法達到鬆軟的效果而塌陷。

❺蛋白攪拌剛好、組織性好、質地鬆軟。

❻蛋白發泡過度，組織性過於粗糙口感也不佳。

聖 · 誕 · 樹

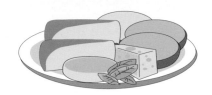

【注意事項】
麵糊攪拌完成後需盡快進烤箱烤焙

【準備器具】
23cm × 33cm × 2cm烤盤、擀麵棍、手提攪拌器、擠花袋或紙、分蛋器、打蛋器。

【烤焙溫度與時間】
190℃／15分鐘

【準備材料】1盤量
蛋黃⋯⋯⋯⋯⋯88g(約5個蛋黃)
桔子水⋯⋯⋯⋯⋯⋯⋯⋯67g
糖⋯⋯⋯⋯⋯⋯⋯⋯⋯⋯40g
低筋麵粉⋯⋯⋯⋯⋯ 120g
泡打粉⋯⋯⋯⋯⋯⋯2～3g
沙拉油⋯⋯⋯⋯⋯⋯⋯84g
蛋白⋯⋯⋯175g(約5個蛋白)
糖⋯⋯⋯⋯⋯⋯⋯⋯⋯⋯77g
塔塔粉⋯⋯⋯⋯⋯⋯2～3g

【其他配料】
椰子粉、軟巧克力、小玩偶

❶將烤好的蛋糕去掉底紙，鋪上新的紙(蛋糕作法請參照45頁❶～❾)。

❷在蛋糕表面塗抹上一層薄薄的軟質巧克力。

❸利用擀麵棍將蛋糕捲起來待10～20分鐘鬆弛，作法請參照49頁❹～❼。

❹將紙打開之後，由末端先切下一小段(須斜切)做樹枝斷面用。

❺塗抹上軟巧克力，用抹刀多次抹出像樹皮表面的直紋狀。

❻將事先切下的末端蛋糕抹上軟巧克力，貼放於蛋糕上當作樹枝，再裝飾聖誕樹葉，並撒上一些椰子粉即成。

葡·萄·瑞·士·捲

【注意事項】

麵糊攪拌完成後，需儘快進烤箱烤焙。蛋糕須等冷卻之後才可以捲起，蛋糕尾端相接之處應該朝下。

【準備器具】

23cm×33cm×2cm烤盤、擀麵棍、手提攪拌器、分蛋器、分蛋器、打蛋器。

【準備材料】1盤量

蛋黃‥‥‥‥‥‥88g(約5個蛋黃)
桔子水‥‥‥‥‥‥‥‥‥‥ 67g
糖‥‥‥‥‥‥‥‥‥‥‥‥ 40g
低筋麵粉‥‥‥‥‥‥‥‥ 120g
沙拉油‥‥‥‥‥‥‥‥‥‥ 84g
泡打粉‥‥‥‥‥‥‥‥‥ 2〜3g
香草粉‥‥‥‥‥‥‥‥‥‥少許
蛋白‥‥‥‥‥ 175g(約5個蛋白)
糖‥‥‥‥‥‥‥‥‥‥‥‥ 77g
塔塔粉‥‥‥‥‥‥‥‥‥ 2〜3g

發泡奶油：

奶油‥‥‥‥‥‥‥‥‥‥‥ 200g
糖粉‥‥‥‥‥‥‥‥‥‥‥ 50g
果糖‥‥‥‥‥‥‥‥‥‥‥ 50g

【烤焙溫度與時間】

190℃／15分鐘

【其他配料】

葡萄乾‥‥‥‥‥‥‥‥‥‥適量

❶將烤盤鋪好紙後，在表面撒上一些葡萄乾，再將麵粉拌好倒入烤板內(蛋糕作法參照45頁❶〜❾)。

❷用刮板將麵糊刮平，以190℃烤焙15分鐘。

❸出爐待蛋糕冷卻之後，換上一張新的紙，葡萄乾面朝下，表面抹上發泡奶油(發泡奶油作法參照17頁❶〜❸)。

❹在末端表面劃兩三刀，但勿切斷蛋糕，以利蛋糕捲起。

❺利用擀麵棍將蛋糕捲向末端。

❻捲起之蛋糕應將末端連同紙一起捲起，再將紙壓在下方。

❼末端蛋糕與紙捲起之後，剩下的紙應壓在蛋糕下方，以免紙鬆開，導致蛋糕鬆開變形。

蛋·花·瑞·士·捲

【注意事項】

麵糊攪拌完成後，需儘快進烤箱烤焙。擠在表面的蛋黃液勿太細或太寬。

【準備器具】

23cm×33cm×2cm烤盤、擀麵棍、手提攪拌器、擠花袋或紙、分蛋器、打蛋器。

【準備材料】1盤量

蛋黃	88g(約5個蛋黃)
桔子水	67g
糖	40g
低筋麵粉	120g
泡打粉	2～3g
沙拉油	84g
蛋白	175g(約5個蛋白)
糖	77g
塔塔粉	2～3g

【烤焙溫度與時間】

190℃／15分鐘

【其他配料】擠花用

蛋黃	1個
果醬或發泡奶油	適量

❶蛋糕作法參照45頁❶至❾。將蛋黃部份與蛋白部份混合拌勻。

❷將拌好的麵糊倒入烤盤內。

❸利用刮板將麵糊表面刮平。

❹蛋黃打散裝入擠花袋中(擠花袋作法參照6頁❶～❺)。

❺在麵糊表面來回擠上蛋黃線條。

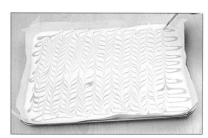

❻再用筷子在縱線上來回畫上花紋後，以190℃烤焙15分鐘。

❼待冷卻之後，將蛋糕表面反過來朝下，另一面則抹上一些果醬或發泡奶油。

❽然後利用擀麵棍將蛋糕捲起來，末端接合處須朝下(作法請參照49頁❹至❼)。

椰・子・捲

【注意事項】
麵糊攪拌完成後，需儘快進烤箱烤焙，第二次烘烤時只須烤上火即可。

【準備器具】
23cm×33cm×2cm烤盤、擀麵棍、手提攪拌器、擠花袋或紙、分蛋器、打蛋器。

【蛋糕烤焙溫度與時間】
190℃／15分鐘

【第二次烤焙溫度與時間】
230℃／上火就好約12～14分鐘

【其他配料】
奶油、椰子粉、奶水、果醬

【準備材料】1盤量
蛋黃	88g(約5個)
桔子水	67g
糖	40g
低筋麵粉	120g
泡打粉	2.5g
沙拉油	84g
香草粉	少許
蛋白	175g(約5個)
糖	77g
塔塔粉	2.5g

椰子皮：
全蛋	1個
糖	40g
奶油	30g
椰子粉	60g
奶水	30g
泡打粉	2g

❶先準備椰子皮部份，將全蛋、奶油、砂糖、泡打粉加入拌勻至糖溶解。

❷再加入奶水與椰子粉。

❸將所有材料拌勻待用。

❹將烤好的蛋糕底紙去掉，蛋糕鋪在新的一張紙上，正面朝上(蛋糕作法請參照45頁❶～❾)。

❺在蛋糕表面塗抹上桔子果醬(不可抹奶油，因第二次烤時奶油過熱會溶化)。

❻抹好後用擀麵棍將蛋糕捲起來，放置20分鐘左右鬆弛一下(作法參照49頁❹至❼)。

❼打開之後將椰子餡塗抹在蛋糕表面上。

❽再利用抹刀橫面在椰子餡上輕輕壓出紋路並進行第二次烤焙，會有不同的效果哦！

輕·乳·酪·蛋·糕

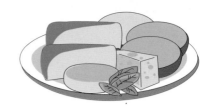

【注意事項】

麵糊攪拌完成後，需儘快進烤箱烤焙。模具先刷上奶油待用，烤焙時須隔水烘烤。

【準備器具】

橢圓模具1個、分蛋器、手提式攪拌機、打蛋器、鋼盆。

【準備材料】1個量

鮮奶	60g
奶油	25g
奶油乳酪	90g
低筋麵粉	6g
玉米粉	10g
蛋黃	36g(約3個蛋黃)
乳酪粉	5g
蛋白	55g(約2個蛋白)
糖	40g
塔塔粉	1～2g(少許)

【烤焙溫度與時間】

180℃／40分鐘左右

❶奶油、鮮奶、奶油乳酪利用隔水加熱法溶化，以利於攪拌。

❷奶油、鮮奶、奶油乳酪攪拌均勻後，加入蛋黃拌勻。

❸再加入玉米粉與低筋麵粉、乳酪粉拌勻。

❹蛋白與糖、塔塔粉混合打發。

❺發泡至蛋白拉起時可成圓椎狀，並有彈性。

❻取少許蛋白先與蛋黃拌勻，使蛋黃部份麵糊重量減輕，避免麵糊過重沈至底部。

❼再將蛋黃部份與蛋白部份混合拌勻。

❽將拌好的麵糊倒入模具內。

❾在烤盤內加入少許水，以180℃烤約40分鐘(上火呈金黃色時，可將上火關掉，但須至少烤40～45分鐘時才可出爐)。

宴・會・小・蛋・糕

【注意事項】
麵糊攪拌完成後，需儘快進烤箱烤焙。鮮奶油塗抹好後，先切好再做裝飾。

【準備器具】
23cm×33cm×2cm烤盤、手提攪拌器、分蛋器、打蛋器、鋼盆、刮刀。

【烤焙溫度與時間】
190℃／18～22分鐘

【準備材料】1盤量

材料	份量
蛋黃	132g(約7個蛋黃)
桔子水	100g
糖	40g
低筋麵粉	180g
泡打粉	3～4g
沙拉油	126g
香草粉	少許
蛋白	263g(約7個蛋白)
糖	115g
塔塔粉	4g

【其他配料】
發泡鮮奶油、果醬、核桃或杏仁果（發泡鮮奶油打法與花嘴應用請參照60、61頁）

❶將烤好的蛋糕去紙後反過來（蛋糕作法參照45頁❶～❾）。

❷將蛋糕橫切一刀成上下兩片後抹上發泡鮮奶油，再鋪上第二片蛋糕亦抹上發泡鮮奶油。

❸在表面抹上發泡鮮奶油之後，利用三角花紋刮版刮出紋路。

❹將蛋糕切成3cm×4cm狀(因裝飾好之後就不好切了)。

❺擠上不同花樣的發泡鮮奶油。

❻裝飾不同的果醬或水果。

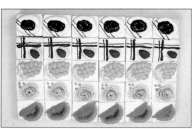

❼可依個人喜好與創意製作不同
的花樣及口味，現在就動動手
動動腦做出你的創意小蛋糕！

【注意事項】
　麵糊攪拌完成後，需儘快進烤箱烤焙。發泡巧克力奶油先準備好，長條紙(足夠將蛋糕圍起來)也要先準備好。

【準備器具】
　23cm×33cm×2cm烤盤、手提攪拌器、分蛋器、分蛋器、打蛋器、鋼盆。

【準備材料】1盤量
蛋黃‥‥‥‥‥‥‥‥88g約5個
桔子水‥‥‥‥‥‥‥‥‥‥67g
糖‥‥‥‥‥‥‥‥‥‥‥‥40g
低筋麵粉‥‥‥‥‥‥‥‥120g
泡打粉‥‥‥‥‥‥‥‥2～3g
香草物‥‥‥‥‥‥‥‥‥少許
沙拉油‥‥‥‥‥‥‥‥‥‥84g
蛋白‥‥‥‥‥‥‥‥175g(5個)
糖‥‥‥‥‥‥‥‥‥‥‥‥77g
塔塔粉‥‥‥‥‥‥‥‥‥‥25g

巧克力發泡奶油：
奶油‥‥‥‥‥‥‥‥‥‥100g
糖粉‥‥‥‥‥‥‥‥‥‥‥40g
軟質巧克力‥‥‥‥‥‥‥‥30g

【烤焙溫度與時間】
190℃／15分鐘

【其他配料】
軟質巧克力、巧克力醬少許

年・輪・蛋・糕

❶先準備好巧克力奶油部份，將奶油與糖粉打至發泡。

❷奶油與糖粉發泡後，加入軟質巧克力攪拌均勻即可。

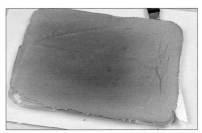

❸將烤好的蛋糕去掉表皮(蛋糕作法請參照45頁❶～❾)。

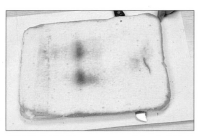

❹將蛋糕橫切一刀，成為上下兩片。

❺再將蛋糕切成約7公分寬的長片狀。

❻將蛋糕平排在桌上，抹上巧克力奶油。

❼將蛋糕一一捲起。

❽蛋糕接縫須緊靠在一起，如圖示。

❾捲好之後利用事先準備好的長條紙將蛋糕捲起來，以免蛋糕變形。放置冰箱冷藏約20分鐘後打開。

❿將紙打開後，再抹上巧克力奶油 (蛋糕抹法參照63頁)。

⓫淋上少許巧克力醬，用抹刀在蛋糕上抹出像樹層表皮的紋路。

發泡鮮奶油打法與裝飾花嘴應用

發泡鮮奶油打法

【注意事項】
要點即須注意速度與溫度的配合，這樣鮮奶油打起來才會有光澤感，吃起來也才會有細膩的口感。

【準備器具】 手提攪拌器、鋼盆、刮刀。

【其他配料】 冰塊

❶將鮮奶油倒入鋼盆中，盆子下需放置冰水及冰塊(可使鮮奶油在操作時保持低溫)。

❷先用中速將鮮奶油打發，之後再用高速打均勻。

❸用高速打均勻至鮮奶油有光澤、堅挺，即使盆子側一邊鮮奶油也不會掉下來。

裝飾花嘴應用

【注意事項】
奶油擠出之力道需與花嘴移動之速度配合，以下所介紹之幾種基本裝飾方法，若不斷反覆練習，便能擁有如同蛋糕師的功力和手法。

【準備材料】 裝飾用之鮮奶油

【準備器具】 手提攪拌器、花嘴

星形花嘴

❶花嘴垂直於物體上方，輕輕擠出鮮奶油後，往上拉起即可。

❷花嘴垂直於物體上方，將鮮奶油持續同一力量擠出，並同時做順時鐘方向旋轉約一圈半。

❸將鮮奶油輕輕擠出，力道由大而小，先向前再往後拉回。

❹結合❷至❸的方法，順時鐘擠出一個長條狀，隨即擠上一個短圖形的逆時鐘形狀。

❺利用此一方法連貫起來，即可創造出不同的花樣。

玫瑰花斜口花嘴

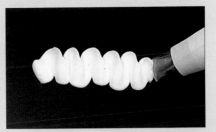

❶將鮮奶油輕輕擠出，由下至上來回做同一規則半圓弧的運動。

❷將花嘴做同一規則運動，此時左右的擺動距離較寬，前距離較窄，就會形成波浪狀。

葉形花嘴

❶輕輕的將鮮奶油擠出，然後將花嘴快速拉起即可。

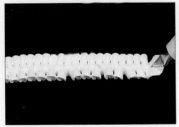

❷將鮮奶油持續同一力量擠出，花嘴保持一定速度往後即可。

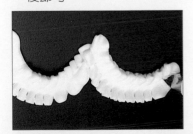

❸將鮮奶油持續同一力量擠出，做同一規則之半圓弧形。

玫瑰花作法

❶先在筷子上擠上一圈鮮奶油做為花蕊。

❷再由下往上再往下擠出鮮奶油做為第二片花瓣(如同一個ㄇ字的形狀)。

❸重覆上一動作，但須將上一個接合處給包覆起來。

❹再重複上一動作，此時ㄇ字的弧度也須越來越大。

❺再擠上一圈鮮奶油，最後需注意花的形狀是否成圓型。

❻最後再利用剪刀輕輕將玫瑰花取下，放在想放的位置上。

【注意事項】
麵糊攪拌完成後，需儘快進烤箱烤焙。蛋糕出爐後，倒放於出爐網架上，鮮奶油需先準備好。

【準備器具】
8吋蛋糕模、旋轉台、抹刀、手提攪拌器、打蛋器、食用色素少許、擠花袋、花嘴、刮刀、鋸齒刀、花紋刮板。

【烤焙溫度與時間】
200℃／26～28分鐘

【準備材料】8吋蛋糕1個
桔子水40g、沙拉油30g、糖40g、低筋麵粉100g、泡打粉3g、蛋黃70g(約4個蛋黃)、香草粉少許、蛋白140g(約4個蛋白)、糖80g、塔塔粉2g

【其他配料】
發泡鮮奶油、各式水果

❶蛋糕出爐後，倒放於出爐網架上 (蛋糕 作 法 參 照 45 頁 ❶ ～⓫)。

❷將蛋糕取下後，橫切二刀將蛋糕裁成三片。

鮮·奶·油·蛋·糕

❸在第一層抹上少許發泡鮮奶油後鋪上水果(發泡鮮奶油打法參照60頁❶～❸)。

❹再次將第二層抹上發泡鮮奶油。

❺重覆❸的動作鋪上水果後,再抹上發泡鮮奶油;把蛋糕鋪在水果上面。

❻在蛋糕表面噴上一些水果酒增加香味。

❼抹上發泡鮮奶油。

❽用抹刀將發泡鮮奶油來回抹平。

❾旁邊也須抹上發泡鮮奶油。

❿塗抹完發泡鮮奶油後,將多餘的鮮奶油刮平。

⓫用花紋刮板在旁邊上下刮出紋路。

⓬在蛋糕邊緣擠上一圈細條狀的發泡鮮奶油。

⓭再利用裝有花嘴的擠花袋,裝上發泡鮮奶油擠上一些漂亮的花紋。

⓮在蛋糕的底部邊緣也擠上一圈發泡鮮奶油(花嘴應用可參考60、61頁之作法)。

⓯擠上迷人的玫瑰花。

⓰有紅花當然就有綠葉配。

⓱再點綴上一些果醬,寫上祝福的文字即完成。

芋 · 泥 · 蛋 · 糕

【注意事項】

麵糊攪拌完成後，需儘快進烤箱烤焙，芋泥餡可加入鮮奶油拌成糊狀待用(須冷藏保存)。蛋糕出爐後，須倒放於出爐網架上。鮮奶油需先備好。

【準備器具】

8吋蛋糕模、旋轉台、抹刀、手提攪拌器、打蛋器、食用色素少許、擠花袋、花嘴、刮刀、鋸齒刀、花紋刮板、鋼盆。

【烤焙溫度與時間】

200℃／26～28分鐘

【準備材料】8吋蛋糕1個

桔子水40g、沙拉油30g、糖40g、低筋麵粉100g、泡打粉3g、香草粉少許、蛋黃70g(約4個蛋黃)、蛋白140g(約4個蛋白)、糖80g、塔塔粉2g。

【其他配料】

食用芋泥醬香料、食用色素少許、芋泥餡少許

❶將芋泥餡拌入少許未打發的鮮奶油，拌成泥狀待用。

❷將烤好的蛋糕橫切二刀(蛋糕作法參照45頁❶～⓫)。

❸塗抹芋泥餡後，將蛋糕鋪蓋好。鮮奶油加少許芋泥醬香料及食用色素，塗抹蛋糕上，作法可參照63頁❸～❿。

❹擠上細條狀的發泡鮮奶油和漂亮的小花(作法請參考花嘴應用60、61頁)。

總·匯·水·果·蛋·糕

【準備器具】
8吋蛋糕模、旋轉台、抹刀、手提攪拌器、打蛋器、食用色素少許、擠花袋、花嘴、刮刀、鋸齒刀、花紋刮板、鋼盆。

【準備材料】8吋蛋糕1個
桔子水40g、沙拉油30g、糖40g、低筋麵粉100g、泡打粉3g、香草粉少許、蛋黃70g(約4個蛋黃)、蛋白140g(約4個蛋白)、糖80g、塔塔粉2g。

【其他配料】
花生粉、水果

❶蛋糕抹上發泡鮮奶油後,利用蛋糕模底盤將蛋糕輕輕托起(蛋糕製作與裝飾鮮奶油請參考45頁❶～⓫與62頁❷～⓫)。

❷用抹刀將花生粉輕輕貼附在蛋糕上做裝飾。

【注意事項】
麵糊攪拌完成後需盡快進烤箱烤焙。,出爐後,蛋糕倒放於出爐網架上,發泡鮮奶油需先備好。

【烤焙溫度與時間】
200℃／26～28分鐘

❸在蛋糕表面邊緣,擠上一圈發泡鮮奶油。

❹裝飾上自己喜歡的水果。

❺塗上果膠可保持水果濕潤(果膠作法參照119頁圖❶)。

總·匯·水·果·條

【注意事項】

麵糊攪拌完成後，需儘快進烤箱烤焙。蛋糕出爐後，應倒放於出爐網架上。發泡鮮奶油需先準備好。

【準備器具】

23cm×33cm×2cm烤盤、旋轉台、抹刀、手提攪拌器、打蛋器、食用色素少許、擠花袋、花嘴、鋸齒刀、刮刀、鋼盆。

【準備材料】1條量

蛋黃	88g(約5個蛋黃)
桔子水	67g
糖	40g
低筋麵粉	120g
沙拉油	84g
香草粉	少許
泡打粉	2～3g
蛋白	175g(約5個蛋白)
糖	77g
塔塔粉	2～3g

【烤焙溫度與時間】

200℃／26～28分鐘

【其他配料】

發泡鮮奶油、各式水果、蛋糕粉(利用裁切好的蛋糕所剩下多餘的部份過篩而成)。

❶將裁好蛋糕的多餘部份用細網篩過，成蛋糕粉狀待用（蛋糕作法請參照45頁❶～❾）。

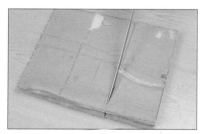

❷再將蛋糕切成三等分之長條狀。

❸將表皮去除。

❹塗抹上發泡鮮奶油並鋪上各式水果(發泡鮮奶油打法參照60頁❶～❸)。

❺再將蛋糕塗抹起來（作法參照63頁❷～❿）。

❻利用抹刀把蛋糕粉末沾在蛋糕邊緣側面。

❼在表面擠上花紋。

❽裝飾各式水果即完成水果條(水果可依個人喜好添加)。

草·莓·蛋·糕

【準備器具】

8吋蛋糕模、旋轉台、抹刀、手提攪拌器、打蛋器、食用色素少許、擠花袋、花嘴、鋸齒刀、刮刀、花紋刮板、鋼盆。

【準備材料】8吋蛋糕1個

桔子水40g、沙拉油30g、糖40g、低筋麵粉100g、泡打粉3g、蛋黃70g(約4個蛋黃)、香草粉少許、蛋白140g(約4個蛋白)、糖80g、塔塔粉2g。

【其他配料】

新鮮草莓‧‧‧‧‧‧‧‧‧‧‧‧‧‧‧‧‧‧‧‧‧適量

❶ 在裁切好的蛋糕表面抹上發泡鮮奶油並鋪上草莓(蛋糕作法參照45頁❶～❾)。

❷ 抹好發泡鮮奶油後,用花紋刮板刮出波浪紋路。

【注意事項】

麵糊攪拌完成後,需儘快進烤箱烤焙。出爐後,蛋糕倒放於出爐網架上。發泡鮮奶油需先備好。

【烤焙溫度與時間】

200℃／26～28分鐘

❸ 在蛋糕邊緣擠上一圈發泡鮮奶油。

❹ 四周與底部也擠上發泡鮮奶油。

❺ 再裝飾上草莓,即完成美味可口的草莓蛋糕。

心 · 型 · 蛋 · 糕

【注意事項】

麵糊攪拌完成後，需儘快進烤箱烤焙。蛋糕出爐後，應倒放於出爐網架上。鮮奶油需先準備好，心型紙樣先剪好待用。巧克力鮮奶油只須在打發的鮮奶油上加上巧克力醬即可。

【準備器具】

8吋蛋糕模、旋轉台、抹刀、手提攪拌器、打蛋器、擠花袋、花嘴、刮刀、鋸齒刀、鋼盆。

【烤焙溫度與時間】

200℃／28分鐘

【準備材料】8吋蛋糕1個

小蘇打3g、水70g、可可粉15g、沙拉油82g、低筋麵粉100g、泡打粉3g、糖40g、蛋黃88g(約5個)、蛋白175g(約5個)、糖77g、塔塔粉3g。

【其他配料】

巧克力醬、各式水果、巧克力屑

❶將事先剪好的心型紙樣鋪在烤好的巧克力蛋糕上，將多餘的蛋糕裁掉(蛋糕作法參照71頁❶至⓫)。

❷將蛋糕橫切二刀後，取下抹上巧克力發泡鮮奶油鋪上喜歡的水果後再將蛋糕塗抹起來(作法參照63頁❸～⓾)。

❸利用花嘴先在蛋糕上下邊緣各擠上一圈波浪狀的花樣(作法參照60、61頁發泡鮮奶油花嘴應用)。

❹再利用星形花嘴擠上一圈小貝殼狀的花樣，然後再裝飾上一些玫瑰花即成，是表達愛意最好的獻禮哦！

【注意事項】
　麵糊攪拌完成後，需儘快進烤箱烤焙。蛋糕出爐後，應倒放於出爐網架上。

【準備器具】
　8吋蛋糕模、抹刀、手提攪拌器、打蛋器、鋼盆。

【準備材料】8吋蛋糕1個
小蘇打 ···························· 3g
水 ····························· 70g
可可粉 ·························· 15g
沙拉油 ·························· 82g
低筋麵粉 ······················ 100g
泡打粉 ··························· 3g
糖 ···························· 40g
蛋黃 ···················· 88g(約5個)
蛋白 ·························· 175g
塔塔粉 ··························· 3g
糖 ···························· 77g

【烤焙溫度與時間】
200℃／26～28分鐘

戚風巧克力蛋糕

❶先將開水加熱。

❷將可可粉與小蘇打加入拌勻待用。

❸將蛋黃與糖40g打散至糖溶解。

❹加入沙拉油拌勻。

❺將準備好的可可醬倒入蛋黃部份拌勻。

❻再加入低筋麵粉、泡打粉拌均勻即可待用。

❼蛋白與糖77g、塔塔粉拌勻打發。

❽發泡至蛋白拉起時可成圓椎狀，並有彈性。

❾取一部份蛋白先與蛋黃部份拌勻。

❿拌勻之後再與剩下的蛋白拌均勻。

⓫倒入模具內，以200℃烤焙26～28分鐘。

巧·克·力·蛋·糕

【準備器具】
8吋蛋糕模、小刀、旋轉台、抹刀
、手提攪拌器、打蛋器、擠花袋
、花嘴、刮刀、鋸齒刀、鋼盆。

【準備材料】8吋蛋糕1個
小蘇打3g、水70g、可可粉
15g、沙拉油82g、低筋麵粉
100g、泡打粉3g、糖40g、蛋
黃88g(約5個)、蛋白175g、糖
77g、塔塔粉3g。

【其他配料】
巧克力醬、黑櫻桃罐頭、各式水
果。

❶將巧克力用小刀削成細片狀待
　用(蛋糕作法參照71頁❶
　～⓫)。

❷將打發的鮮奶油與巧克力醬拌
　成巧克力鮮奶油。

【注意事項】
麵糊攪拌完成後,需儘快進烤箱
烤焙。出爐後,應倒放於出爐網
架上。發泡鮮奶油需先準備好,
巧克力削好可放冰箱冷藏使用。

【烤焙溫度與時間】
200℃／26～28分鐘

❸將蛋糕切成3片,抹上發泡鮮
　奶油鋪上黑櫻桃(或喜愛的水
　果,作法參照63頁❸至❿)。

❹將抹好的蛋糕用手輕輕托起,
　用抹刀將巧克力屑鋪滿整個蛋
　糕表面。

❺在表面擠上一些發泡鮮奶油,
　再放上喜愛的水果。

脆·皮·巧·克·力·蛋·糕

【注意事項】

麵糊攪拌完成後，需儘快進烤箱烤焙。蛋糕出爐後，應倒放於出爐網架上。發泡鮮奶油需先準備好，巧克力加熱溶化後溫度勿太高，以免把鮮奶油也溶化了。

【準備器具】

8吋蛋糕模、旋轉台、抹刀、手提攪拌器、打蛋器、擠花袋、花嘴、刮刀、鋸齒刀、鋼盆。

【烤焙溫度與時間】

200℃／26～28分鐘

【準備材料】蛋糕1個

小蘇打3g、水70g、可可粉15g、沙拉油82g、低筋麵粉100g、泡打粉3g、糖40g、蛋黃88g(約5個)、蛋白175g(約5個)、糖77g、塔塔粉3g。

【其他配料】

巧克力磚

❶將準備好的蛋糕橫切二刀後，夾上鮮奶油，鋪上巧克力豆後，再將蛋糕覆蓋上，將蛋糕塗抹起來(可參照71頁❶至⓫蛋糕作法與63頁❷至❿)。

❷巧克力磚隔水加熱溶化後，倒入蛋糕表面上(溫度勿太高，約35～40℃)。

❸利用抹刀將巧克力醬由內向外抹平。

❹趁巧克力未結凍前刮上一些巧克力屑，鋪在蛋糕表面做裝飾(巧克力屑作法參照72頁❶)。

巧克力虎皮捲

【注意事項】

麵糊攪拌完成後，需儘快進烤箱烤焙，虎皮部份很快就熟了，要注意！

【準備器具】

23cm×33cm×2cm烤盤、分蛋器、手提式攪拌機、打蛋器、刮刀、刮板、鋼盆。

【準備材料】1條量

小蘇打 ·························· 3g

水 ······························· 70g
可可粉 ·························· 15g
沙拉油 ·························· 82g
低筋麵粉 ······················ 100g
泡打粉 ·························· 3g
糖 ······························· 40g
蛋黃 ··················· 88g(約5個)
蛋白 ················· 175g(約5個)
糖 ······························· 77g
塔塔粉 ·························· 3g

虎皮(1條量)：

蛋黃 ················· 125g(約7個)
糖 ······························· 50g
玉米粉 ·························· 15g
香草粉 ·························· 少許

【烤焙溫度與時間】

蛋糕190℃／15～16分鐘
虎皮230℃／6～8分鐘(很快就熟，小心！)

【其他配料】

發泡奶油或果醬 ············· 適量
(發泡奶油作法參照17頁❶～❸)

❶蛋糕作法參照71頁❶至❿，以190℃烤焙15～16分鐘後，烤好待用。

❷虎皮作法：將蛋黃、糖、玉米粉、香草粉全部加在一起打發。

❸用手提攪拌器打發，越發越好，如圖示還稀稀的就要繼續打發。

❹打發至如圖所示，用刮刀撈起麵糊稠稠的不易掉下來才可以。

❺倒入鋪好紙的烤盤內。

❻利用刮板把表面刮平，以230℃烤焙6～8分鐘，很快就熟了，要小心！

❼出爐後將虎皮及蛋糕都反過來，正面朝下。

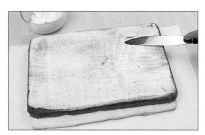

❽虎皮放在最下層，先塗上一層發泡奶油後，再把巧克力蛋糕鋪在虎皮上，另一端保留一點，待捲起來後可以黏住另一端。

❾再利用擀麵棍捲起來(請參照49頁❹～❼)。

核桃巧克力點心

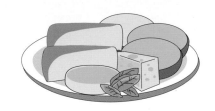

【注意事項】
麵糊攪拌完成後，需儘快進烤箱烤焙。蛋糕須等冷卻之後才可以做整形。巧克力可先隔水加熱溶化待用。

【準備器具】
小慕斯模、抹刀、手提攪拌器、打蛋器、擠花袋、花嘴、刮刀、鋸齒刀、鋼盆。

【烤焙溫度與時間】
200℃／26～28分鐘

【其他配料】
巧克力磚少許、蜜核桃(或烤過的核桃)。

【準備材料】1盤份

蛋糕：

蛋黃	88g(約5個蛋黃)
桔子水	67g
糖	40g
低筋麵粉	120g
泡打	2～3g
沙拉油	84g
香草粉	少許
蛋白	175g(約5個蛋白)
糖	77g
塔塔粉	2～3g

發泡奶油：

奶油	100g
糖粉	30g
果糖	30g

❶將烤好的蛋糕去掉紙後反過來(蛋糕作法參照45頁❶～❾)。

❷用小慕斯模放在蛋糕上，壓出小橢圓形狀的蛋糕。

❸將蛋糕橫切一刀。

❹在蛋糕中間抹上一層發泡奶油後，將蛋糕疊起。

❺然後再將四周接縫也抹上一層發泡奶油。

❻將蜜核桃放在蛋糕中心。

❼利用抹刀盛上蛋糕，並淋上已溶化的巧克力。

❽在巧克力未乾之前，再擠上白巧克力的線條做裝飾。

起・酥・蛋・糕

【注意事項】

蛋糕先準備好待用，起酥皮製作時中間須等待麵皮鬆弛，才可再做最後一次麵皮擀開的動作，且厚度不可太厚。

【準備器具】

23cm×33cm×2cm烤盤1個、手提攪拌器、打蛋器、滾輪刀、擀麵棍、鋼盆。

【烤焙溫度與時間】

蛋糕190℃／22分鐘

【其他配料】

瑪雅琳(乳瑪琳)油(內裏油用)

【準備材料】1條份

起酥皮部份：

高筋麵粉⋯⋯⋯⋯⋯⋯⋯⋯ 200g
低筋麵粉⋯⋯⋯⋯⋯⋯⋯⋯ 200g
糖⋯⋯⋯⋯⋯⋯⋯⋯⋯⋯⋯⋯⋯⋯10g
鹽⋯⋯⋯⋯⋯⋯⋯⋯⋯⋯⋯⋯⋯ 5g
奶油⋯⋯⋯⋯⋯⋯⋯⋯⋯⋯⋯ 10g
全蛋⋯⋯⋯⋯⋯⋯⋯⋯ 100g(2個)
水⋯⋯⋯⋯⋯⋯⋯⋯⋯⋯⋯⋯ 200g

起酥皮裹油部份：

瑪雅琳油⋯⋯⋯⋯⋯⋯⋯⋯ 200g

蛋糕部份：

蛋黃⋯⋯⋯⋯⋯⋯132g (約 7個)
桔子水⋯⋯⋯⋯⋯⋯⋯⋯⋯ 100g
糖⋯⋯⋯⋯⋯⋯⋯⋯⋯⋯⋯⋯60g
低筋麵粉⋯⋯⋯⋯⋯⋯⋯⋯ 180g
泡打粉⋯⋯⋯⋯⋯⋯⋯⋯⋯3.5g
沙拉油⋯⋯⋯⋯⋯⋯⋯⋯⋯ 126g
蛋白⋯⋯⋯⋯⋯⋯ 265g(約7個)
糖⋯⋯⋯⋯⋯⋯⋯⋯⋯⋯⋯ 115g
塔塔粉⋯⋯⋯⋯⋯⋯⋯⋯⋯3.5g

❶將烤好的蛋糕對切成二，抹上桔子果醬，再將蛋糕重疊待用(蛋糕作法參照45頁❶～❾)。

❷將蛋、奶油、鹽、糖、麵粉放在一起。

❸加入水後先將蛋、奶油、鹽、糖拌均。

❹然後與麵粉攪拌。

❺只須拌勻即可，不可拌揉太久。

❻拌好之後用保鮮膜包起來，讓麵糰鬆弛20～30分鐘。

❼將麵糰擀平後，鋪上瑪雅琳油。

❽將瑪雅琳油包起來。

⑨用手將麵糰稍微壓一下。

⑩利用擀麵棍,將麵糰擀開擀平。

⑪將麵糰向內摺成三層狀(如圖示),重複⑩～⑪一次。

⑫第三次再擀麵糰時,須先在上下撒上一些粉。

⑬將麵糰擀平擀開後,將麵糰對摺再對摺,成四層(如圖狀)。鬆弛20分鐘,再進行最後一道手續。

⑭最後一道手續,將麵糰擀開擀平,不可太厚,約0.3cm。

⑮在麵糰上刷上蛋汁。

⑯將蛋糕鋪在麵糰上捲起來。

⑰將皮多餘的部份切掉。

⑱在蛋糕表面利用叉子叉滿小洞,可防止起酥皮整片蓬起。

⑲刷上蛋汁,即可入爐以210℃烘烤15～16分鐘。

元・寶・小・蛋・糕

【注意事項】
烤盤先上一層薄油，撒上些麵粉待用。也可用經處理的耐熱烤盤布代替。

【準備器具】
擠花袋、花嘴、手提攪拌器、塑膠刮刀、鋼盆。

【烤焙溫度與時間】
190／10～12分鐘

【準備材料】約50個

蛋黃	90g(約5個蛋黃)
低筋麵粉	90g
玉米粉	15g
桔子水	100g
沙拉油	70g
蛋白	160g(約5個蛋白)
糖	160g

【其他配料】
紅豆餡或芋泥餡…………………少許

❶將蛋黃與桔子水、沙拉油拌勻。

❷加入玉米粉、低筋麵粉拌勻待用。

❸蛋白與糖拌勻打發。

❹將蛋黃部份與蛋白混合拌勻。

❺利用擠花袋將麵糊擠在烤盤上，擠成橢圓形狀，以190℃／烤焙10～12分鐘。

❻出爐後須放置加蓋的箱子內30～50分鐘，使蛋糕回軟然後在中間擠上紅豆或芋泥餡。

【注意事項】
皮的部份很容易熟，烘烤時要注意，不要烤太久。

【準備器具】
23cm×33cm×2cm烤盤、抹刀、擀麵棍、手提攪拌器、打蛋器。

【其他配料】
桔子果醬‥‥‥‥‥‥‥‥‥適量

【準備材料】約1盤份(2條量)
蛋黃‥‥‥‥‥‥‥90g(約5個蛋黃)
桔子水‥‥‥‥‥‥‥‥‥‥67g
糖‥‥‥‥‥‥‥‥‥‥‥‥40g
低筋麵粉‥‥‥‥‥‥‥‥‥120g
泡打粉‥‥‥‥‥‥‥‥‥‥2.5g
沙拉油‥‥‥‥‥‥‥‥‥‥84g
桔子果醬‥‥‥‥‥‥‥‥‥少許
蛋白‥‥‥‥‥‥160g(約5個蛋白)
糖‥‥‥‥‥‥‥‥‥‥‥‥77g
塔塔粉‥‥‥‥‥‥‥‥‥‥2.5g

貴妃皮(約1盤份2條量)：
全蛋‥‥‥‥‥‥‥‥‥‥‥1個
蛋黃‥‥‥‥‥188g(約11個蛋黃)
糖‥‥‥‥‥‥‥‥‥‥‥‥28g
玉米粉‥‥‥‥‥‥‥‥‥‥10g

【烤焙溫度與時間】
蛋糕：190℃／15分鐘
貴妃皮：200℃／10～12分鐘

橘子貴妃小蛋糕

❶蛋糕作法參照45頁❶至❾，將麵糊拌好之後，倒入烤盤內利用刮板麵糊刮平，烤好後待用。

❷將蛋黃、全蛋與糖、玉米粉全部加入。

❸利用手提攪拌器將糰糊打發，如圖示稠狀。

❹打發後倒入烤皿內刮平之後，以200℃／10～12分鐘。

❺將事先準備好的蛋糕切去表皮部份。

❻再將蛋糕分成4等分。

❼塗抹上果醬將蛋糕重疊，如圖示。

❽貴妃皮也分成兩塊。

❾將蛋糕橫放於貴妃皮的末端。

❿利用擀麵棍將蛋糕與虎皮捲起來。

⓫把多餘的紙捲到蛋糕的底部，讓蛋糕壓著避免變形(可參照49頁❹～❼)。

【注意事項】
蛋白須打硬一點。
【準備器具】
擠花袋、花嘴、手提攪拌器、擀麵棍、塑膠刮刀。
【烤焙溫度與時間】
200℃／8～10分鐘

【準備材料】1盤8個量
糖20g、蛋黃38g(約2個蛋黃)、沙拉油20g、低筋麵粉40g、蛋白68g(約2個蛋白)、糖40g。

【其他配料】
栗子醬、栗子粒、南瓜子、鮮奶油。

❸利用擀麵棍將蛋糕捲起來，待10～20分鐘後才可打開。

❹切成8等分後橫放。

栗·子·小·蛋·糕

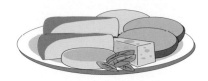

❶將栗子用塑膠刮刀壓軟。

❷倒入少許未打發的鮮奶油,將栗子餡拌成糊狀(勿太稀)待用。

❸將蛋黃與20g糖拌勻至糖溶解。

❹加入沙拉油拌勻。

❺加入篩過的低筋麵粉拌勻待用。。

❻蛋白加入糖40g拌勻打發。

❼要比戚風類蛋白硬一點(如圖狀)。

❽取少許蛋白與蛋黃部份先拌勻。

❾再將蛋黃部份倒入蛋白中攪拌均勻。

❿將麵糊倒入擠花袋中(擠花袋裡要裝入平口花嘴,直徑約8mm～10mm即可。

⓫將麵糊擠在鋪紙之烤盤上,以斜紋方式擠出,完成後以200℃烤焙8～10分鐘。

⓬烘烤完冷卻後,將蛋糕反過來,反面在上,抹上些許發泡奶油(作法參照17頁❶～❸)。

⓯在斷面中央擠上一些發泡奶油。

⓰將事先準備好的栗子泥(如圖❷)擠在蛋糕的上方(如圖狀)。

⓱放上栗子粒,再擺上綠色的南瓜子即完成。

奶·油·椰·子·夾·心

❶全蛋與糖混合一起，打至糖溶解。

❷加入低筋麵粉、香草粉與起泡劑(SP)打勻打發。

❸打發至呈濃稠狀即可。

【注意事項】糖須與全蛋混合均勻，才可加入低筋麵粉與起泡劑(SP)。

【準備器具】手提攪拌機、烤盤(23cm×33cm×2cm)、塑膠刮刀、刮板、烤盤布、擠花袋、鋼盆。

【烤焙溫度與時間】200℃／12～14分鐘

【準備材料】約24個

全蛋250g(約5個蛋)、糖200g、低筋麵粉250g、S.P20g、香草粉少許。

發泡奶油：
奶油100g、糖30g、果糖30g。

【其他配料】
椰子粉…………………適量

❹利用擠花袋將打好的麵糊擠在烤盤布上。

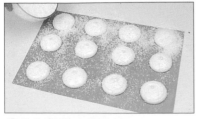

❺均勻的撒上椰子粉。

❻再將多餘的椰子粉倒掉，以200℃烤焙約12～14分鐘。

❼烤後待涼擠上發泡奶油，夾起來即可(發泡奶油打法參照17頁❶～❸)。

水·果·夾·心

【注意事項】
糖須與全蛋混合均勻，才可加入低筋麵粉與起泡劑(SP)。

【準備器具】
手提攪拌機、烤盤(23cm×33cm×2cm)、塑膠刮刀、刮板、烤盤布、擠花袋、鋼盆。

【烤焙溫度與時間】
200℃／12～14分鐘

【準備材料】約24個

全蛋	250g(約5個)
糖	200g
低筋麵粉	250g
起泡劑(SP)	20g
香草粉	少許
濃縮桔子醬香料	
	少許(也可用桔子果醬代替)

【其他配料】
糖粉、杏仁片、各式水果

❶將蛋、糖與濃縮桔子醬香料放在一起，拌勻打發至糖溶解。

❷再加入麵粉與起泡劑(SP)拌勻打發。

❸發泡至稠狀(如圖示)。

❹利用擠花袋將麵糊擠花入烤盤紙上。

❺裝飾杏仁片、撒上糖粉，以200℃烤12～14分鐘。

❻擠上發泡鮮奶油後裝飾水果即成炎夏飯後最佳點心(發泡鮮奶油打法參照60頁❶～❸)。

塔・皮・作・法

【注意事項】麵糊須打發後，再拌上麵粉。

【準備器具】手提攪拌器、塑膠刮板、擀麵棍、6吋塔盤、鋼盆。

【烤焙溫度與時間】
190℃／28分鐘

【準備材料】6吋塔盤3個
奶油250g、糖粉125g、全蛋1個(約50)、鹽少許、低筋麵粉360g。

❶將奶油打軟之後，與糖粉一起打發。

❷打發之後加入全蛋繼續打發。

❸發泡至奶油稍呈乳白色狀即可取下。

❹將打發的奶油取下，放入已篩好的低筋麵粉中。

❺利用塑膠刮板與雙手，將奶油與麵粉充分混合攪勻。

❻一邊拌勻也要一邊搓揉麵糰，使麵粉與奶油充分結合。

❼取一部份麵糰，用雙手將麵糰輕輕壓平。

❽上下先撒些許麵粉,再利用擀麵棍將麵糰擀平。

❾擀平後利用擀麵棍將麵糰捲起來。

❿鋪在塔盤上。

⓫將麵糰與烤盤貼實,須緊貼著塔盤才可以。

⓬將多餘的部份切掉。

⓭利用小叉子在表面叉滿小洞。

⓮鋪上一張乾淨的紙後,再鋪上一些小麥或黃豆,可避免烤時塔皮變形,待烤至15分鐘後取出再繼續以190℃烤焙13分鐘。

塔皮製作失敗原因之比較

❶正確攪拌均勻的麵糰。

❷正確攪拌均勻的麵糰,整形時不易斷裂。

❸攪拌不均勻或擱置太久的麵糰。

❹攪拌不均勻或擱置太久的麵糰,整形時容易斷裂,可用雙手在桌上來回搓揉使奶油與麵粉再度結合。

椰 · 子 · 塔

【注意事項】
塔皮先備好待用。

【準備器具】
小塔鋁箔杯、形齒中空模、手提攪拌器、塑膠刮板、鋼盆。

【烤焙溫度與時間】
200℃／烤15～18分鐘

【準備材料】約小塔杯20個
塔皮：

奶油	250g
糖粉	125g
鹽	少許
全蛋	50g(1個)
低筋麵粉	360g

椰子餡料：8個份

蛋	50g(1個)
糖	40g
泡打粉	5g
奶油	40g
奶粉	10g
椰子粉	70g
水	80g

❶塔皮請參照88頁❶至❽作法，將塔皮擀開後用形齒中空模壓在塔皮上。

❷將壓好模型的塔皮拿起放在塔杯上，用雙手將塔皮整理好與塔杯貼在一起待用。

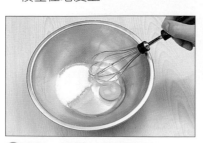

❸將蛋、糖攪拌至糖溶解。

❹依序加入泡打粉、奶粉與水拌勻。

❺再加入椰子粉拌勻即可。

❻最後再加入已溶化好的奶油。

❼將拌好的椰子餡放入塔皮內。

❽放好餡之後擺在烤板上,以
200℃烤焙15～18分鐘至金黃
色即可出爐。

水・果・船

【注意事項】
塔皮先準備好待用。

【準備器具】
手提攪拌器、塑膠刮板、船形塔模數個、鋼盆。

【烤焙溫度與時間】
190℃／12〜15分鐘

【準備材料】約25個
塔皮：
奶油…………………………… 250g
糖粉…………………………… 125g
鹽 ……………………………少許
全蛋………………………1個(50g)
低筋麵粉…………………… 360g

卡士達醬(約20個)：
牛乳………………………… 300g
牛乳………………………… 60g
糖…………………………… 60g
蛋黃………………………… 2個
低筋麵粉…………………… 25g
奶油………………………… 15g
玉米粉……………………… 10g

【其他配料】
各式水果…………………適量

❶塔皮作法參照88頁❶〜❼將塔皮分成1小塊1小塊狀。

❷將小塔皮用手指壓平，成橢圓形薄狀。

❸塔皮均勻覆蓋在塔模上，用手指把塔皮壓好，讓塔皮與塔模貼在一起。

❹再將多餘的塔皮切掉。

❺利用小叉子在塔皮上叉滿小洞以利烘烤。

❻取好適當距離後，以190℃烤約12〜15分鐘，至稍呈金黃色即可。

❼在烤好的塔皮裡層擠上一層卡士達醬(卡士達醬作法參照105頁❶〜❺)。

❽在擠好卡士達餡的表面裝飾喜愛的水果即成。

藍・莓・塔

【注意事項】
蛋白與糖須打發一點，塔皮先準備好待用。

【準備器具】
擠花袋、手提攪拌器、小濾網、鋼盆。

【烤焙溫度與時間】
200℃／16～18分鐘

【準備材料】約20個
塔皮：
奶油⋯⋯⋯⋯⋯⋯⋯⋯ 250g
糖粉⋯⋯⋯⋯⋯⋯⋯⋯ 125g
鹽⋯⋯⋯⋯⋯⋯⋯⋯⋯少許
全蛋⋯⋯⋯⋯⋯⋯⋯1個(50g)
低筋麵粉⋯⋯⋯⋯⋯⋯ 360g

【裝飾用蛋白材料】
蛋白⋯⋯⋯⋯⋯⋯⋯⋯ 100g
糖⋯⋯⋯⋯⋯⋯⋯⋯⋯ 150g
香草粉⋯⋯⋯⋯⋯⋯⋯少許

【其他配料】
藍莓果醬、糖粉

❶將藍莓醬(果醬)裝入擠花袋中。

❷將藍莓醬擠入已準備好的塔皮中(塔皮作法參照88頁❶～❼)。

❸將蛋白與糖粉、香草粉拌勻發泡。

❹發泡至蛋白堅挺即可。

❺將打發的蛋白裝入擠花袋中，在鋪上藍莓的塔中擠成圓錐狀(如圖示)。

❻在擠好蛋白的藍莓塔上篩上一些糖粉,可避免蛋白太快被烤熟,同時烤後表面會有酥酥的感覺。

❼篩好糖粉後,以200℃烤焙16～18分鐘。

❽烤好後再篩上一些糖粉裝飾,即完成外酥內軟的藍莓塔。

杏・仁・塔

【注意事項】
塔皮先準備好再拌餡料，餡料中
的奶油先溶化待用。

【準備器具】
手提攪拌器、塑膠刮板、小塔模
數個、鋼盆、擠花袋。

【烤焙溫度與時間】
200℃／12～13分鐘

【準備材料】約40個
塔皮：
奶油……………………… 250g
糖粉……………………… 125g
鹽………………………… 少許
全蛋……………………… 1個
低筋麵粉………………… 360g

杏仁餡料(約40個)：
全蛋……………………… 200g
糖粉……………………… 200g
低筋麵粉………………… 150g
泡打粉…………………… 2g
杏仁粉……………………60g
溶化奶油………………… 200g

【其他配料】
杏仁片……………………適量

❶塔皮作法參照88頁❶～❼，
將塔皮分成小塊狀。

❷將塔皮放入塔模中，利用雙手
大拇指與中指內外互相配合，
將塔皮捏成同樣的厚度。

❸再利用刮板將多餘的塔皮刮掉
待用。

❹將蛋與糖攪拌均勻至糖溶解。

❺再將篩過的杏仁粉、低筋麵
粉、泡打粉加入拌勻。

❻加入已溶化好的奶油拌勻。

❼將拌好的杏仁餡料倒入擠花袋中。

❽擠入已準備好的小塔中,約8～9分滿。

❾於表面加上一些杏仁片做裝飾即可入爐,以200℃烤焙12～13分鐘。

巧・克・力・小・塔

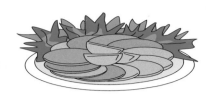

【注意事項】
塔皮先備好待用。

【準備器具】
手提攪拌器、塑膠刮板、小塔杯、鋼盆、擠花袋

【烤焙溫度與時間】
200℃／18分鐘

【其他配料】
軟巧克力、草莓果醬、南瓜子

【準備材料】約40個
塔皮：
奶油‥‥‥‥‥‥‥‥‥‥‥ 250g
糖粉‥‥‥‥‥‥‥‥‥‥‥ 125g
鹽‥‥‥‥‥‥‥‥‥‥‥‥‥少許
全蛋‥‥‥‥‥‥‥‥‥‥1個(50g)
低筋麵粉‥‥‥‥‥‥‥‥‥ 360g

巧克力蛋糕餡：
全蛋‥‥‥‥‥‥‥‥100g(2個蛋)
砂糖‥‥‥‥‥‥‥‥‥‥‥ 100g
低筋麵粉‥‥‥‥‥‥‥‥‥‥ 80g
可可粉‥‥‥‥‥‥‥‥‥‥‥ 15g
小蘇打‥‥‥‥‥‥‥‥‥‥‥少許
泡打粉‥‥‥‥‥‥‥‥‥‥‥‥ 2g
沙拉油‥‥‥‥‥‥‥‥‥‥‥ 100g

❶將拌好的塔皮先分割成小塊狀後，用手壓平，作法參照88頁❶～❼。

❷放在小塔杯上，利用雙手將塔皮捏好後，切掉多餘的部份待用。

❸將蛋與糖拌勻至糖溶解。

❹加入沙拉油拌勻。

❺再加入篩過的低筋麵粉、可可粉、小蘇打、泡打粉拌均勻。

❻拌好之後倒入擠花袋中。

❼擠入先前準備好的小塔中約8分滿，以200℃烤焙18分鐘。

❽烤好之後在蛋糕周圍擠上一圈軟巧克力。

❾擠上一些草莓果醬，再裝飾一些烤好的南瓜子即可。

葡・萄・塔

【注意事項】
蛋糕體先準備好待用。

【準備器具】
手提攪拌器、塑膠刮板、塔盤一個、滾輪刀。

【烤焙溫度與時間】
200℃／35分鐘

【準備材料】約2個
塔皮：
奶油……………………… 250g
糖粉……………………… 125g
鹽…………………………少許
全蛋……………………1個(50g)
低筋麵粉………………… 360g

8吋蛋糕體1個
(作法參照45頁❶~⓫)
奶水……………………… 50g
桔子水…………………… 40g

沙拉油…………………… 30g
糖……………………… 40g
低筋麵粉………………… 100g
泡打粉……………………3.5g
蛋黃……………………70g(4個量)
蛋白…………………… 140g(4個量)
糖……………………… 80g
塔塔粉…………………… 2g

【其他配料】
葡萄乾、蛋糕體

❶參照88頁❶~⓭塔皮作法，塔皮做好先不要烤。(蛋糕作法參照45頁❶~⓫)。

❷將準備好的蛋糕心橫切成三片。

❸先鋪一片蛋糕在塔的裡面，然後灑一些葡萄乾，再倒一些奶水(勿太多)。

❹再鋪一片蛋糕，重覆上次的動作，再作二次。

❺鋪好之後，將剩下的塔皮用擀麵棍擀平，切割成長條狀。

❻先刷上一層蛋汁。

❼將刷上蛋汁的塔皮覆蓋在葡萄塔上，排成斜網狀。

❽排好後將多餘的部份切掉。

❾放入烤盤，以200℃／烤35分鐘左右即可出爐。

蛋 · 塔

【準備材料】約50個

塔皮：
奶油250g、糖粉125g、鹽少許、全蛋50g(1個)、低筋麵粉360g。

蛋塔水(6個量)：
奶水200g、糖100g、全蛋3個。

【烤焙溫度與時間】
190℃／25～28分鐘

❶塔皮作法請參照88頁❶至❽，將塔皮做好之後待用。

❷將奶水稍微煮開後，加入糖拌勻至糖溶解。

【注意事項】
如果製作的蛋塔小一點，則烤焙時間就應縮短。

【準備器具】
小塔杯、打蛋器、過濾網、手提攪拌器、塑膠刮板。

❸再加入蛋充分攪勻。

❹拌勻後利用過濾網將蛋水濾過。

❺再將蛋水倒入塔模中約9分滿即可，以190℃烤焙25～28分鐘。

派・皮・作・法

【注意事項】
此為包油麵皮作法的一種，攪拌不須太均勻。

【準備器具】
擀麵棍、塑膠刮板、8吋派盤。

【準備材料】
8吋派皿2個量
中筋麵粉300g、奶油180g、奶水50g、水50

g、糖少許、鹽少許

【烤焙溫度與時間】
200℃/25分鐘左右

❶將篩過的中筋麵粉圍成一個粉牆，糖、鹽、奶油分別放置中間。

❷將麵粉與奶油、糖、鹽混合，奶油用塑膠刮板切成小細狀後再圍成一個粉牆。

❸將奶水與水倒入中間。

❹用手與刮板相互應用，將麵糰混合，不須太過均勻(如圖示)。

❺撒上些許麵粉後，取適量麵糰用手稍壓一下。

❻利用擀麵棍將派皮擀平。

❼在派皮表面叉滿小洞，以利烘烤時透氣。

❽用擀麵棍將派皮捲起來。

❾輕輕的將派皮鋪在派盤上。

❿將派皮鋪好之後，利用塑膠刮板將多餘的部份切掉。

⓫完成後即可以200℃烤焙約25分鐘左右。

派類作品失敗原因之比較

❶正確的麵糰攪拌剛好。

❷攪拌過久、太過均勻的麵糰。

❸正確的麵糰烤後呈層次狀，吃起來有酥酥的口感佳。

❹攪拌過久、太過均勻的麵糰，烤好後沒有層次感，吃起來硬硬的。

水 · 果 · 派

【注意事項】
派皮先烤好待用。

【準備器具】
擀麵棍、塑膠刮板、8吋派盤、打蛋器、鋼盆。

【烤焙溫度與時間】
200℃／25分鐘

【準備材料】8吋2個

派皮：
低筋麵粉300g、奶油180g、奶水50g、水50g、糖少許、鹽少許

卡士達醬：
牛乳300g、牛乳60g、砂糖60g、蛋黃2個、低筋麵粉25g、奶油15g、玉米粉10g

【其他配料】
各式水果⋯⋯⋯⋯⋯⋯⋯⋯適量

❶先備妥卡士達醬部份，將60g牛乳與糖和蛋黃拌勻。

❷拌勻之後再加入低筋麵粉、玉米粉拌勻待用。

❸將300g牛乳加熱至煮開。

❹將煮好的牛乳倒入蛋黃的部份攪拌均勻。

❺攪拌均勻之後，再放在爐上繼續加熱，同時攪拌至成稠狀後取出。

❻再加入奶油拌勻，即可倒入平盤內等涼後待用(以上為卡士達醬作法)。

❼在烤好的派皮裡擠上一層卡士達醬(派皮參照103頁❶～⓫)。

❽在卡士達醬上面塗抹一層發泡鮮奶油(發泡鮮奶油作法參照60頁❶～❸)。

❾利用擠花袋與花嘴擠上漂亮的花紋。

❿裝飾喜歡的水果，慰勞一下自己和家人平日的辛勞。

櫻・桃・派

【注意事項】
此派皮為包油麵皮作法的一種，派皮部份攪拌勿太均勻。

【準備器具】
擀麵棍、塑膠刮板。

【烤焙溫度與時間】
200℃／20～22分鐘

【其他配料】
全櫻桃顆粒的果醬

【準備材料】約22個
派皮：

中筋麵粉	300g
奶油	80g
奶水	50g
水	50g
糖	少許
鹽	少許

卡士達醬：

牛乳	300g
牛乳	60g
糖	60g
蛋黃	2個
低筋麵粉	25g
玉米粉	10g
奶油	15g

❶麵糰作法參照103頁❶～❺拌好之後，用手輕輕把麵糰壓平。

❷用擀麵棍將派皮擀成長方形。

❸將派皮裁成如圖所示狀，大寬9cm、小寬2.5cm。

❹先在派皮表面刷上蛋汁，以便做黏合。

❺將兩旁小的派皮疊在大的派皮兩側。

❻在中間的地方覆上一層薄薄的卡士達醬(作法參照104頁❶～❻)。

❼再把櫻桃果醬鋪在卡士達醬之上。

❽在兩旁點綴一些杏仁片，以200℃烤焙20～22分鐘。

【注意事項】
鮮奶油、蛋糕體先準備好待用。

【準備器具】
鋁派模數個、手提攪拌器、塑膠刮刀、鋼盆。

【準備材料】8吋蛋糕1個
蛋糕：桔子水40g、沙拉油30g、糖40g、低筋麵粉100g、泡打粉3g、蛋黃70g(約4個蛋黃)、香草粉少許、蛋白140g(約4個蛋白)、糖80g、塔塔粉2g。

乳酪餡：
奶油乳酪100g、砂糖50g、鹽1g、蛋黃10g、檸檬汁10g、水25g、吉利丁5g、鮮奶油100g。

【其他配料】
檸檬汁……………………適量

乳・酪・派

❶發泡鮮奶油先打發好待用(要先冷藏,發泡鮮奶油作法參照60頁❶~❸)。

❷將蛋糕體橫切成厚度約1公分的薄片(蛋糕作法參照45頁❶~❿)。

❸將裁好的蛋糕心鋪在派模上。

❹用剪刀把多餘的部份剪掉待用。

❺將乳酪、奶油與糖粉混合拌勻。

❻再加入蛋黃拌勻。

❼開水加入吉利丁拌勻後,再與乳酪拌合。

❽倒入事先準備好的發泡鮮奶油中拌勻。

❾將拌好的乳酪鮮奶油裝入擠花袋。

❿在鋪上蛋糕的派盤中擠上一層乳酪鮮奶油後,先放冰箱冷藏30~60分鐘。

⓫待冷藏之後取出擠上一些發泡鮮奶油做裝飾。

⓬再裝飾喜歡的水果即完成。

蘭·姆·球

【注意事項】
注意事項：蘭姆球攪成形後，須放置冰箱冷凍或冷藏60分鐘，較為方便製作。

【準備器具】
8吋蛋糕模1個、手提攪拌器、塑膠刮刀、鋼盆。

【烤焙溫度與時間】
200℃／20～28分鐘

【準備材料】約1個
蛋糕部份：
桔子水40g、沙拉油30g、糖40g、低筋麵粉100g、泡打粉3g、香草粉少許、蛋黃70g(約4個)、蛋白140g(約4個)、糖80g、塔塔粉2g

奶油部份：
奶油200g、糖50g、果糖50g
餡料：
蘭姆酒少許、核桃少許(烤熟的)、巧克力少許、巧克力米少許

【其他配料】
發泡奶油、蘭姆酒、烤過的核桃少許、巧克力、巧克力米。

❶將烤好的蛋糕體取下橫切二刀(蛋糕作法參照45頁❶～❿)。

❷再將蛋糕切成丁狀。

❸將蛋糕碎置於鋼盆中加入少許發泡奶油(參照17頁❶～❸)、蘭姆酒及烤熟的核桃。

❹將上述材料充分拌均勻。

❺將拌好的蛋糕餡搓揉成小球狀，然後放冰箱冷凍或冷藏60分鐘。

❻巧克力隔水加熱待用，將冰箱裡的蛋糕球取出，插入牙籤以小湯匙將蛋糕球淋上巧克力醬後，再放入巧克力米中滾均勻即可。

小·泡·芙

❶將奶油、沙拉油與水一同加熱至滾開。

❷滾開之後加入低筋麵粉拌勻。

❸蛋分數次加入,勿一次全部加完,避免油粉分離。

【注意事項】
奶油、沙拉油、水三樣須一起煮到滾了再加麵粉。卡士達醬先準備好待用。

【準備器具】
打蛋器、刮刀、擠花袋、鋼盆。

【烤焙溫度與時間】
230℃／20分鐘

【準備材料】約50個
泡夫:奶油100g、沙拉油100g、水200g、低筋麵粉140g、全蛋7個350g
卡士達醬:牛乳300g、牛乳60g、砂糖60g、蛋黃2個、低筋麵粉25g、奶油15g、玉米粉10g

【其他配料】
卡士達醬

❹攪拌至稠狀,輕輕將麵糊刮起,麵糊呈半固態狀。

❺利用裝上花嘴的擠花袋,取好間隔,擠在烤盤上。

❻出爐待稍冷之後,用鋸齒刀在泡芙中間橫切一刀。

❼擠上事先準備好的卡士達醬(作法參照105頁❶～❻)。

天・鵝・泡・芙

【注意事項】
奶油、沙拉油、水須一起煮到滾才可加麵粉。

【準備器具】
手提攪拌器、塑膠刮刀、鋼盆、擠花袋。

【烤焙溫度與時間】
泡芙230℃／20分鐘
天鵝頭200℃／5～8分鐘

【其他配料】
卡士達醬、果醬、鮮奶油。

【準備材料】約30個
泡芙：

奶油	100g
沙拉油	100g
水	200g
低筋麵粉	140g
全蛋	350g(約7個)

卡士達醬：

牛乳	300g
牛乳	60g
砂糖	60g
蛋黃	2個
低筋麵粉	25g
奶油	15g
玉米粉	10g

❶將打好的泡芙擠在烤盤上，擠成一個橢圓形，作為天鵝的身體，以230℃烤焙20分鐘(泡芙作法請參照111頁❶～❺)。

❷在烤盤上寫一個2字，做為天鵝的頸。

❸在2的開頭處勾劃出天鵝的頭(如圖示)後即可進入烤箱烤焙。

❹待泡芙涼後，將身體部份在中間先橫切一刀，再從上段部份中間再對切(如圖)做為翅膀。

❺在中間部份先擠上卡士達醬(作法參照104頁❶～❻)或果醬，再擠上一層發泡鮮奶油做裝飾，再將事先切好的翅膀貼在鮮奶油上。

❻將天鵝頭插入，調整至適當位置。

❼在天鵝的表面篩上一些糖粉，即完成美麗可口的天鵝泡芙。

天然雞蛋布丁

【注意事項】
烤箱預熱時是上下火全開，進爐烤時只開下火即可。焦糖煮開時加水要小心，溫度很高，避免被噴到。

【準備器具】
打蛋器、小鋼盆、過濾器、布丁模。

【烤焙溫度與時間】
180℃／45分鐘

【準備材料】2個量
布丁：

鮮奶	…………………………	240g
糖	…………………………	45g
全蛋	…………………100g	(2個蛋)
蛋黃	…………………20g	(1個蛋黃)
香草粉	……………………………	少許
水	…………………………	10g

焦糖：

細砂糖………………………………
……100g(煮開後加水25～30g)

【其他配料】
焦糖

❶先準備焦糖部份，將細砂糖加熱，要同時攪拌。

❷加熱至糖成焦黃色時便可離火，同時加入25～30g的水拌勻(小心糖的溫度很高)。

❸將少許焦糖倒入布丁模內。

❹待鮮奶加熱後，加入糖拌勻至糖溶解。

❺將蛋黃部份與全蛋、香草粉、水、攪拌均勻。

❻煮開的鮮奶部份加入蛋黃攪拌均勻。

❼利用過濾網將蛋汁過濾。

❽倒入布丁模內，以180℃烤45
分鐘。

❾再倒入一些水於布丁模之外烘
烤(須隔水加熱烤焙)。

水・果・布・丁・凍

【注意事項】
果凍粉須與糖混合後再拌入，以避免直接加入而結塊。

【準備器具】
圓底球模杯6個、果凍杯6個、打蛋器、濾網、鋼盆。

【其他配料】
焦糖……………………適量

【準備材料】約6個量
果凍焦糖：
吉利T(果凍粉)4g、砂糖20g、水70g、焦糖少許(焦糖作法請參照114頁❶～❷)。

布丁凍(約6個量)：
吉利T(果凍粉)18g、糖170g、鮮乳780g、蛋黃60g、香草粉少許。

❶先處理果凍焦糖部份。將水煮開，加入果凍粉與糖。

❷再加入少許焦糖至呈金黃色(焦糖作法參照114頁❶～❷)。

❸趁未結凍之前倒入圓底的果凍杯模內，量勿太多，待用。

❹布丁凍部份，待鮮奶加熱後，加入糖與吉利T(果凍粉)、香草粉拌勻。

❺再加入蛋黃拌均勻。

❻利用過濾網將蛋汁過濾一次。

❼倒入圓底杯模內待涼(可冷藏)。

❽再倒入果凍杯模內待涼(可冷藏)。

❾待完全結凍後，將圓球狀的布丁取出，倒放於果凍杯的布丁上面。

❿再裝飾上一些不同的水果就完成了。

水・果・泡・芙

【注意事項】

奶油、沙拉油、水須一起煮到滾燙才可以加麵粉。發泡鮮奶油打發待用。

【準備器具】

手提攪拌器、塑膠刮刀、鋼盆、擠花袋。

【烤焙溫度與時間】

230℃／20分鐘

【準備材料】約30個

奶油‥‥‥‥‥‥‥‥‥‥‥‥ 100g
沙拉油‥‥‥‥‥‥‥‥‥‥‥ 100g
水‥‥‥‥‥‥‥‥‥‥‥‥‥ 200g
低筋麵粉‥‥‥‥‥‥‥‥‥‥ 140g
全蛋‥‥‥‥‥‥‥‥‥ 7個(350g)

【其他配料】

發泡鮮奶油、各式水果

❶將拌好的泡芙擠在烤盤上，成一長方橢圓形狀(泡芙作法參照111頁❶～❺)。

❷烤後待涼即可從中間模切一刀，但勿切斷。

❸擠上發泡鮮奶油鋪上喜愛的水果，便完成美味的水果泡芙。

草·莓·凍·蛋·糕

【注意事項】
果凍液煮好要灌模之前，先確定果凍液溫度不可過高。

【準備器具】
8吋固定模1個、打蛋器、塑膠刮刀、鋼盆。

【烤焙溫度與時間】
200℃／26～28分鐘

【準備材料】2個量
蛋糕體：
桔子水40g、沙拉油30g、糖40g、低筋麵粉100g、泡打粉3g、蛋黃70g(約4個蛋黃)、香草粉少許、蛋白140g(約4個蛋白)、糖80g、塔塔粉2g。

草莓凍(1個量)：
草莓醬香料少許或濃縮草莓醬少許、水600g、吉利T(果凍粉20g)、糖60g。

【其他配料】
新鮮草莓適量

❶先將水煮開後加入吉利T與糖，充分攪拌至材料溶解。

❷再加入少許的草莓醬拌勻。

❸在蛋糕模底先倒入薄薄的一層，待稍微結凍之後排好新鮮的草莓。

❹然後再倒入剩下的草莓凍。

❺再鋪上蛋糕，放入冰箱冷藏22～30分鐘(蛋糕作法參照45頁❶～❾)。

❻脫膜時將蛋糕模稍微加熱，再將草莓凍倒出來。

【注意事項】蛋糕先準備好，鮮奶油先打好備用。果凍液煮好要灌模之前，先確定果凍液溫度不可過高。

【準備器具】6角慕斯模、打蛋器、塑膠刮刀、鋼盆。

【準備材料】1盤量約2個

蛋糕：整盤蛋糕打好待用(作法參照45頁❶～❾)、蛋黃88g、桔水67g、糖40g、低筋麵粉120g、泡打粉2～3g、香草粉少許、沙拉油84g、蛋白175g、糖77g、塔塔粉2～3g。

慕斯(約1個量)：鮮奶240g(可做6吋慕斯模2個)、吉利丁20g、水30～40g、蛋黃2個、糖38g、鮮奶油125g、香草粉少許。

果凍(約1個量)：水150g、糖20g、吉利T(果凍粉)6g、綠色色素少許。

【其他配料】
奇異果、綠色色素

❶將烤好的蛋糕去皮後，再橫切一半成薄片狀(蛋糕作法參照45頁❶～❾)。

❷用慕斯模壓在蛋糕上，使蛋糕成6角形(二片備用)。

❸將第一片蛋糕先鋪在慕斯模內。

❹將鮮奶先加熱後加糖、香草粉。

❺吉利丁加上水溶解。

❻吉利丁倒入鮮奶中拌勻至吉利丁溶解後取下。

❼再加上蛋黃拌勻。

❽然後放入裝滿冰塊與冰水的鋼盆裡輕輕攪拌。

❾攪拌至稍呈濃稠狀(如圖示)。

❿加入事先用鮮奶油打好的發泡鮮奶油拌勻(發泡鮮奶油打發參照60頁❶～❸)。

⓫將拌好的慕斯倒入模內。

⓬鋪上第二層蛋糕。

⓭再倒入剩下的慕斯，高度須留1cm左右不要填滿，抹平後放入冰箱冷藏約40～50分鐘。

⓮待冰慕斯變硬之後在表面鋪上奇異果。

⓯再將煮好的果凍液倒入表面，然後冷藏20分鐘左右(果凍煮法請參照119頁❶)。

⓰脫模時可利用吹風機在模子邊緣稍微加熱一下即可脫膜。

草・莓・慕・斯

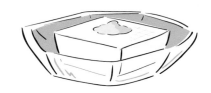

【注意事項】
蛋糕先準備好待用。

【準備器具】
四角慕斯模、打蛋器、塑膠刮刀、鋼盆。

【準備材料】1盤量約2個
蛋糕體：
桔子水‥‥‥‥‥‥‥‥‥‥‥ 40g
沙拉油‥‥‥‥‥‥‥‥‥‥‥ 30g
糖‥‥‥‥‥‥‥‥‥‥‥‥‥ 40g
低筋麵粉‥‥‥‥‥‥‥‥‥ 100g
泡打粉‥‥‥‥‥‥‥‥‥‥‥ 3g
蛋黃‥‥‥‥‥70g(約4個蛋黃)
香草粉‥‥‥‥‥‥‥‥‥‥少許
蛋白‥‥‥‥ 140g(約4個蛋白)
糖‥‥‥‥‥‥‥‥‥‥‥‥‥ 80g
塔塔粉‥‥‥‥‥‥‥‥‥‥‥ 2g

方型慕斯模：8吋1個
鮮奶‥‥‥‥‥‥‥‥‥‥‥ 240g
吉利丁‥‥‥‥‥‥‥‥ 20g泡水
水‥‥‥‥‥‥‥‥‥‥30～40g
蛋黃‥‥‥‥‥‥‥‥‥‥‥ 2個
糖‥‥‥‥‥‥‥‥‥‥‥‥‥ 38g
香草粉‥‥‥‥‥‥‥‥‥‥少許
鮮奶油‥‥‥‥‥‥‥‥‥‥ 125g

【其他配料】
新鮮草莓‥‥‥‥‥‥‥‥‥適量

❶蛋糕去皮後用慕斯模放在蛋糕上壓出四方形的蛋糕(蛋糕作法參照45頁❶～❾)。

❷再將蛋糕橫切成二片。

❸將蛋糕鋪在慕斯模裡。

❹在慕斯模四周排上新鮮草莓。

❺將草莓切細碎狀加入己拌好的草莓慕斯中拌勻(慕斯作法參照121頁❹至❿)。

❻將拌好的草莓慕斯倒入模子內，要預留高約1cm，放第二片蛋糕。

❼再將第二片蛋糕鋪上，然後冷藏40～50分鐘後取出，再排上新鮮草莓即成。

【注意事項】
發泡鮮奶油打好待用。蛋糕先準備好待用。

【準備器具】
三角慕斯模1個、攪拌器、塑膠抹刀。

【其他配料】
巧克力碎片、白巧克力屑

【準備材料】1盤量約2個
蛋糕體：

桔子水	40g
沙拉油	30g
糖	40g
低筋麵粉	100g
泡打粉	3g
蛋黃	70g(約4個蛋黃)
香草粉	少許
蛋白	140g(約4個蛋白)
糖	80g
塔塔粉	2g

巧克力慕斯(1個量)：

水	200g
吉利丁	14g
水(泡吉利丁用)	30g
軟巧克力	200g
蘭姆酒	15g
巧克力碎片	40g
鮮奶油	80g

巧·克·力·慕·斯

❶將三角慕斯模放在蛋糕上，壓出三角形蛋糕來(蛋糕作法參照45頁❶～❾)。

❷再將蛋糕去皮後橫切成2片待用。

❸將水煮開之後，與泡過水的吉利丁加入拌勻。

❹加入軟巧克力拌勻。

❺拌勻之後放在另一個裝有冰塊、冰水的鋼盆裡輕輕攪拌。

❻拌至濃稠狀取下。

❼加入用鮮奶油打好的發泡鮮奶油拌勻(發泡鮮奶油作法請參照60頁❶～❸)。

❽再加入巧克力碎片拌勻。

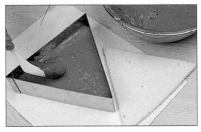

❾倒入鋪好蛋糕的慕斯模內(倒一半就好)。

❿鋪上第二片蛋糕後，再倒入剩下的巧克力慕斯(放冰箱冷藏30分鐘以上)。

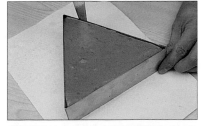

⓫利用小刀或在蛋糕周邊加熱即可取下慕斯。

⓬裝飾些許白巧克力屑即完成。

【注意事項】

蛋糕先準備好待用。

【準備器具】

長條慕斯模1個、攪拌器、塑膠
抹刀。

【其他配料】

蜜紅豆少許⋯⋯⋯⋯⋯⋯適量

【準備材料】1盤量約1條

蛋糕體：桔子水40g、沙拉油
30g、糖40g、低筋麵粉100g、
泡打粉3g、蛋黃70g(約4個蛋
黃)、香草粉少許、蛋白140g(約
4個蛋白)、糖80g、塔塔粉2g、
咖啡粉20g。

慕斯(約1個量)：鮮奶360g、吉
利丁35g、蛋黃3個、糖55g、鮮
奶油190g、咖啡粉20g。

❶將烤好的咖啡蛋糕去掉底紙
(蛋糕作法參照45頁❶～❾，
咖啡粉在動作❷時加入拌勻即
可)。

咖·啡·慕·斯

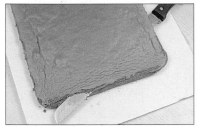

❷將蛋糕表皮用鋸齒刀切掉。

❸再將蛋糕切成三等分(須配合模子的寬度)。

❹咖啡粉先用水調開拌勻後,加入已經加了糖、吉利丁、蛋的鮮奶中拌勻即可(慕斯作法參照120頁❹～❼)。

❺拌勻之後隨即以冰水隔開拌勻,使慕斯結成濃稠狀。

❻將慕斯拌勻至如圖示的濃稠狀程度。

❼加上蜜紅豆與打發的鮮奶油拌勻。

❽鋪上第一片蛋糕後,在蛋糕上倒入1/2的慕斯。

❾鋪上第二片蛋糕,再將剩下的慕斯倒入。

❿最後鋪上第三片蛋糕,即可放入冰箱冷藏40～50分鐘。

⓫脫模後將邊緣切割整齊,抹上薄薄一層發泡鮮奶油。

⓬抹上一層薄薄的果凍膠(果凍作法參照119頁❶)。

⓭趁果凍膠未結凍之前撒上一些咖啡,讓咖啡粉自然散開。

西點烘焙系列叢書

10 大名店幸福小蛋糕
主廚代表作

21x29cm　　　112頁
彩色　　定價400元

　　傳統中揉和創意與料理感覺，展現小蛋糕強烈的存在感。書裡介紹的所有小蛋糕皆有作法流程、完成品斷面圖，並且清楚標示使用材料與份量與技巧說明喔！

手作花漾戚風蛋糕

19x26cm　　　80頁
彩色　　定價250元

　　熱愛甜點的你，是不是迫不及待想親自手作戚風蛋糕呢？那麼，本書絕對是最佳的入門書籍！從初學者角度出發，配方＋原理一次告訴你！在家也能烤出專業口感戚風蛋糕。

小確幸
我的手作甜點日記

15x21cm　　　144頁
彩色　　定價280元

　　本書教妳製作「居家甜點」。味道、甜度、大小能隨心所欲，也能依心情挑選材料，是讓人每天都想親手作、毫不矯飾的自然甜點！簡單卻美麗，並慢慢來品味。

頂尖主廚
炫技蛋糕代表作

21x29cm　　　112頁
彩色　　定價400元

　　炫麗的造型、明確的味覺主題！身為宴會與慶典常客的大蛋糕，不可缺少的就是華麗奪目的外觀！10位頂尖主廚獨門技巧大公開、介紹50種熱銷NO.1精品大蛋糕！

我做的甜點
口感超專業！

20x26cm　　　96頁
彩色　　定價280元

　　點心的成敗關鍵就在「口感」！日本甜點達人，依據自身從事法式糕點數十年的經驗，毫不藏私的教你決定點心口感的關鍵！一起來做出，讓舌頭很幸福的好吃甜點吧！

新手成功烘焙 DIY

19x26cm　　　144頁
彩色　　定價350元

　　全書詳細彩色流程，用大賣場即可買到的材料與小巧便利的烘焙器具，包您成功做出漂亮又好吃的西式甜點！本書正是實際操作的經驗累積、新手最佳基礎實戰書！

簡易家庭麵包製作

19x26cm　　　128頁
彩色　　定價320元

　　本書所製作的，全部以簡易的家庭烘烤設備及一般市面容易取得之材料製成，附上完整材配方份量與詳細製法流程圖。只要熟記本書的指導要領，你一定也能成為烘焙高手！

精緻點心ＤＩＹ

19x26cm　　　128頁
彩色　　定價320元

　　本書特色為圖文並茂、易學易懂，配合彩色圖片及分段步驟解說，詳細介紹所有製作過程及作法，讓你可以在家裡享受自己製作這些美味點心的樂趣。

瑞昇文化　http://www.rising-books.com.tw　購書優惠服務請洽：TEL: 02-29453191 或 e-order@rising-books.com.tw